NONGYE ZHIWU
BAOHU JISHU

农业植物保护技术

陈　妮　朱志锋　王新娥　主编

U0306364

中国农业科学技术出版社

图书在版编目（CIP）数据

农业植物保护技术 / 陈妮，朱志锋，王新娥主编 . -- 北京：
中国农业科学技术出版社，2023.7 (2025. 4 重印)
ISBN 978 - 7 - 5116 - 6296 - 5

Ⅰ . ①农… Ⅱ . ①陈… ②朱… ③王… Ⅲ . ①植物保护 Ⅳ . ① S4

中国国家版本馆 CIP 数据核字（2023）第 098108 号

责任编辑　张国锋
责任校对　贾若妍　李向荣
责任印制　姜义伟　王思文

出 版 者　中国农业科学技术出版社
　　　　　北京市中关村南大街 12 号　邮编：100081
电　　话　（010）82109705（编辑室）　（010）82109702（发行部）
　　　　　（010）82109709（读者服务部）
网　　址　https://castp.caas.cn
经 销 者　各地新华书店
印 刷 者　北京虎彩文化传播有限公司
开　　本　170 mm×240 mm　　1/16
印　　张　15.25
字　　数　300 千字
版　　次　2023 年 7 月第 1 版　2025 年 4 月第 2 次印刷
定　　价　48.00 元

◄━━◣ 版权所有 · 侵权必究 ◢━━►

《农业植物保护技术》
编者名单

主　编　陈　妮　朱志锋　王新娥

副主编　周　源　丁海勇　沈国强　范书华
　　　　傅潇霞　沈柏尧

编　者　王　萍　张世玲　陈彩霞　任善军
　　　　邵景锐　杨晓辉　石　磊　华方荣
　　　　曹艳蕊　王信丰

前　言

我国是农业大国，种植农作物种类较多，品种复杂，分布广泛，地形多样、土壤种类繁多，因此农作物有害生物发生较为严重，常年使用较多农药进行化学防治，不科学用药问题突出，造成了较多的问题，给农业生产带来了一定的阻碍。

近年来，国家注重粮食安全和农业生产可持续发展问题，提高农作物产量和品质成为我们关注的重点。农作物病虫害是影响粮食产量和质量的一项重要因素，传统的防治病虫害的方法主要是使用农药，农药在粮食生产中起着重要的作用，能挽回大部分因病虫害影响而造成的产量损失，但是农药毕竟是有毒物质，如果没有科学安全地使用农药，不但防治病虫害的效果不理想，还会造成浪费和污染，因此提高广大种植主体的植物保护技术对于农业的可持续发展起着推动的作用。

想要做好植物保护工作，第一要能够识别病虫害，了解其发生发展的规律，从而为病虫害的监测和防治提供基础；第二要做好预报工作，预测病虫害的发生时间、发生期和发生范围，从而指导防治；第三要采用综合防治的方法进行防治，优先采用安全环保无污染的方法，例如农业防治、物理防治、生物防治等方法，利用化学防治时要采用科学安全的用药技术和高效植保机械，提高农药利用率，减少农药用量，降低农药使用强度，提高防治效果，减少对环境和作物的影响。

编委会各位成员利用日常工作和下乡的机会，深入到田间调查各种农作物的病虫害的发生、为害情况，还积累了一定的照片和素材。一直以来很多基层农技人员和农民朋友对于一些植物保护的基本知识了解并不多，因此我们将所有资料进行整理编辑成册，编写了《农业植物保护技术》一书，书中详细介绍了农业植物保护技术的相关知识。本书共分为六章，主要包括 4 个部分的内容，第一部分为有害生物基础知识，包括农业害虫、农业病害和其他有害生物的识别、分类和发生特点等；第二部分为农作物有害生物预测预报技术；第三部分为各种防治技术，包括各种绿色防控技术、科学用药技术和统防统治技术；第四部分为农作物主要病虫害的识别和防治，包括42种病害的症状、病原、发生特点和防治方法，35种虫害的为害状、发生特点和防治方法，1种寄生性植物，并配以照片，便于鉴定。

相信《农业植物保护技术》能够为基层农技人员和广大农民朋友带来一些新的启发，推动农业植物保护技术的发展，为有效控制农作物病虫害的为害，挽回粮食损失，科学防治，保护环境和农业生态，建立"公共植保、绿色植保"的植保理念，为农业可持续发展贡献力量。

编者

2023 年 5 月

目　录

第一章　农业有害生物基础知识 ·················· 1

　第一节　农业害虫 ························· 1

　　一、害虫为害严重的原因 ·················· 1

　　二、农业害虫的识别 ····················· 2

　　三、杀虫剂作用位点 ····················· 4

　　四、害虫的天敌及其应用 ·················· 6

　　五、昆虫的变态发育 ····················· 9

　　六、昆虫的生活史 ······················ 11

　　七、害虫的习性 ······················· 12

　　八、环境对害虫的影响 ··················· 14

　第二节　农业病害 ························ 15

　　一、作物病害相关概念 ··················· 16

　　二、作物病害的识别 ···················· 16

　　三、作物病害的分类 ···················· 19

　　四、作物病害的发生和流行 ················ 23

　第三节　其他有害生物 ····················· 29

　　一、鼠害 ··························· 29

　　二、寄生性种子植物 ···················· 30

　　三、杂草 ··························· 32

　　四、螨类 ··························· 33

第二章　农作物有害生物预测预报 ··············· 35

　第一节　农作物有害生物预报基础 ·············· 35

　　一、预测原理 ························ 35

　　二、测报类型 ························ 36

　　三、预测方法 ························ 37

　第二节　农作物害虫的测报方法 ··············· 37

一、害虫种群的估量 ……………………………………… 38

二、害虫的预测预报方法 ………………………………… 42

第三节　作物病害测报的方法 ………………………………… 48

一、病害流行的时间动态 ………………………………… 48

二、病害预测 ……………………………………………… 49

第四节　农作物草害预测方法 ………………………………… 52

一、农田杂草的调查方法 ………………………………… 52

二、农田杂草的预测预报 ………………………………… 54

第五节　农田鼠害的预测方法 ………………………………… 55

一、农田鼠害的调查方法 ………………………………… 55

二、农田鼠害预测预报方法 ……………………………… 56

第三章　农作物有害生物绿色防控技术 …………………… 57

第一节　农业防控技术 ………………………………………… 57

一、选择优良品种 ………………………………………… 57

二、培育无病虫种苗 ……………………………………… 58

三、改变耕作制度 ………………………………………… 58

四、加强田间管理 ………………………………………… 58

五、降低病（虫）基数 …………………………………… 58

第二节　免疫诱抗技术 ………………………………………… 59

第三节　物理防控技术 ………………………………………… 59

一、利用昆虫性信息素技术 ……………………………… 59

二、杀虫灯诱杀害虫 ……………………………………… 60

三、色板诱杀技术 ………………………………………… 60

四、食诱技术 ……………………………………………… 60

五、防虫网阻隔技术 ……………………………………… 60

第四节　生物防治技术 ………………………………………… 61

一、以虫治虫 ……………………………………………… 61

二、以菌治虫 ……………………………………………… 61

三、以菌治菌 ……………………………………………… 61

四、以菌治草 ……………………………………………… 62

五、生物农药 ……………………………………………… 62

第四章　农药的使用 ………………………………………… 63

第一节　农药概述 ……………………………………………… 63

一、农药的内涵 ……………………………………… 63

二、农药的重要性 …………………………………… 63

三、农药的缺点 ……………………………………… 64

四、农药的发展方向 ………………………………… 64

第二节　农药的分类 ………………………………… 65

一、按农药来源及成分分类 ………………………… 65

二、按用途分类 ……………………………………… 66

三、按作用方式分类 ………………………………… 67

第三节　农药的作用机理及方式 …………………… 70

一、杀虫剂 …………………………………………… 70

二、杀菌剂 …………………………………………… 71

三、除草剂 …………………………………………… 72

第四节　农药剂型 …………………………………… 73

一、乳油 ……………………………………………… 73

二、可湿性粉剂 ……………………………………… 75

三、微乳剂和水乳剂 ………………………………… 76

四、粉剂 ……………………………………………… 77

五、粒剂 ……………………………………………… 77

六、可溶性粉剂 ……………………………………… 77

七、种衣剂 …………………………………………… 78

八、缓释剂 …………………………………………… 78

九、烟剂 ……………………………………………… 78

第五节　农药的主要品种 …………………………… 78

一、杀虫剂 …………………………………………… 78

二、杀菌剂 …………………………………………… 84

三、除草剂 …………………………………………… 91

第六节　农药的购买 ………………………………… 95

一、选择农药 ………………………………………… 95

二、购买农药 ………………………………………… 95

第七节　农药的配制 ………………………………… 97

一、不同农药的配制方法 …………………………… 97

二、注意事项 ………………………………………… 98

第八节　农药的使用技术 …………………………… 98

一、对症下药 ……………………………………………… 98

二、适时施药 ……………………………………………… 98

三、根据天气选择施药时间 ……………………………… 98

四、适量施药 ……………………………………………… 99

五、施药方法和设备 ……………………………………… 99

六、合理混用农药 ………………………………………… 99

七、合理轮换用药 ……………………………………… 100

八、注意安全采收间隔期 ……………………………… 100

九、注意保护环境 ……………………………………… 100

十、做好自身防护 ……………………………………… 100

第九节 施药后的处理 ………………………………… 101

一、施药田块的处理 …………………………………… 101

二、剩余药液及农药废弃包装物的处理 ……………… 101

三、施药器械和人员的清洁 …………………………… 101

四、用药档案记录 ……………………………………… 102

第十节 药害 …………………………………………… 102

一、药害的种类 ………………………………………… 102

二、药害产生的原因 …………………………………… 103

三、药害的补救措施 …………………………………… 103

第十一节 农药中毒与急救 …………………………… 104

一、农药中毒的症状 …………………………………… 104

二、农药中毒的诊断 …………………………………… 105

三、现场急救 …………………………………………… 105

四、及时就医 …………………………………………… 106

第五章 农作物有害生物统防统治技术 …………… 107

第一节 农作物有害生物统防统治的意义 ………… 107

一、有效解决农民防病治虫难的问题 ………………… 107

二、有利于提升病虫害防治效果 ……………………… 107

三、保证了农药的科学使用 …………………………… 108

第二节 常用植保机械的使用和保养 ……………… 108

一、电动喷雾器 ………………………………………… 108

二、喷杆喷雾机 ………………………………………… 109

三、自走式喷杆喷雾机 ………………………………… 110

　　四、植保无人机 ……………………………………………… 110

第六章　农作物主要病虫害的识别与防治 ……………… 112

　第一节　水稻主要病虫害的识别与防治 ……………………… 112

　　一、水稻稻瘟病 ……………………………………………… 112

　　二、水稻纹枯病 ……………………………………………… 114

　　三、水稻恶苗病 ……………………………………………… 115

　　四、水稻稻曲病 ……………………………………………… 117

　　五、水稻干尖线虫病 ………………………………………… 118

　　六、水稻螟虫 ………………………………………………… 120

　　七、稻纵卷叶螟 ……………………………………………… 122

　　八、褐飞虱 …………………………………………………… 123

　　九、白背飞虱 ………………………………………………… 124

　　十、稻水象甲 ………………………………………………… 126

　　十一、中华稻蝗 ……………………………………………… 128

　第二节　小麦主要病虫害的识别与防治 ……………………… 129

　　一、小麦条锈病 ……………………………………………… 129

　　二、小麦白粉病 ……………………………………………… 130

　　三、小麦纹枯病 ……………………………………………… 132

　　四、小麦赤霉病 ……………………………………………… 134

　　五、小麦蚜虫 ………………………………………………… 135

　　六、小麦吸浆虫 ……………………………………………… 137

　第三节　玉米主要病虫害的识别与防治 ……………………… 138

　　一、玉米大斑病 ……………………………………………… 138

　　二、玉米小斑病 ……………………………………………… 140

　　三、玉米灰斑病 ……………………………………………… 141

　　四、玉米丝黑穗病 …………………………………………… 143

　　五、玉米瘤黑粉病 …………………………………………… 145

　　六、玉米粗缩病 ……………………………………………… 146

　　七、玉米茎腐病 ……………………………………………… 148

　　八、玉米螟 …………………………………………………… 150

　　九、二点委夜蛾 ……………………………………………… 151

　　十、玉米蚜虫 ………………………………………………… 153

　　十一、玉米旋心虫 …………………………………………… 154

十二、玉米黏虫 ……………………………………… 155

十三、草地贪夜蛾 …………………………………… 157

第四节　棉花主要病虫害的识别与防治 …………… 158

一、棉花枯萎病 ……………………………………… 158

二、棉花黄萎病 ……………………………………… 160

三、棉花角斑病 ……………………………………… 161

四、棉花蚜虫 ………………………………………… 163

五、棉花红蜘蛛 ……………………………………… 164

六、棉红铃虫 ………………………………………… 165

第五节　大豆主要病虫害的识别与防治 …………… 167

一、大豆花叶病毒病 ………………………………… 167

二、大豆霜霉病 ……………………………………… 168

三、大豆食心虫 ……………………………………… 170

四、大豆蚜虫 ………………………………………… 171

五、大豆菟丝子 ……………………………………… 173

第六节　马铃薯主要病虫害的识别与防治 ………… 174

一、马铃薯早疫病 …………………………………… 174

二、马铃薯晚疫病 …………………………………… 176

三、马铃薯二十八星瓢虫 …………………………… 177

四、马铃薯甲虫 ……………………………………… 179

第七节　蔬菜主要病虫害的识别与防治 …………… 180

一、黄瓜霜霉病 ……………………………………… 180

二、黄瓜白粉病 ……………………………………… 182

三、黄瓜枯萎病 ……………………………………… 184

四、黄瓜疫病 ………………………………………… 185

五、黄瓜根结线虫病 ………………………………… 187

六、番茄黄化曲叶病毒病 …………………………… 188

七、番茄晚疫病 ……………………………………… 190

八、番茄灰霉病 ……………………………………… 191

九、番茄溃疡病 ……………………………………… 193

十、白菜软腐病 ……………………………………… 194

十一、白菜病毒病 …………………………………… 196

十二、白菜霜霉病 …………………………………… 197

十三、白菜根肿病 …………………………………………… 199

十四、辣椒病毒病 …………………………………………… 200

十五、辣椒疫病 ……………………………………………… 201

十六、芹菜斑枯病 …………………………………………… 203

十七、芹菜根结线虫病 ……………………………………… 204

十八、花椰菜黑腐病 ………………………………………… 206

十九、茄子黄萎病 …………………………………………… 207

二十、小菜蛾 ………………………………………………… 209

二十一、白粉虱 ……………………………………………… 210

二十二、斑潜蝇 ……………………………………………… 212

二十三、菜青虫 ……………………………………………… 213

二十四、蓟马 ………………………………………………… 215

二十五、棉铃虫 ……………………………………………… 216

二十六、甜菜夜蛾 …………………………………………… 217

二十七、斜纹夜蛾 …………………………………………… 219

第八节　多食性害虫的识别与防治 ………………………… 220

一、草地螟 …………………………………………………… 220

二、东亚飞蝗 ………………………………………………… 222

三、小地老虎 ………………………………………………… 223

四、金针虫 …………………………………………………… 224

五、蝼蛄 ……………………………………………………… 225

六、蛴螬 ……………………………………………………… 227

参考文献 ……………………………………………………… 229

第一章　农业有害生物基础知识

农业有害生物是指对农作物生长发育有害的各种生物，包括害虫、病原微生物（细菌、真菌、病毒和线虫）、有害动物（软体动物、螨类）、寄生性植物和田间杂草。有害生物的为害对农作物造成的损失高于自然灾害造成的损失，位居第一位，是需要重点防治的对象。农业有害生物具有种类繁多、分布广泛、为害严重等特点，往往一种有害生物可以为害多种农作物，而在一种农作物上可同时存在多种有害生物进行为害，为农业生产带来了很大的难题。"知己知彼，百战不殆"，只有在充分了解这些有害生物的基础上，才能很好地进行防治，减少或挽回损失，保障农业产业的可持续发展。

第一节　农业害虫

一、害虫为害严重的原因

害虫是农业生产上一种主要的有害生物，害虫的为害常常导致农作物产量下降、品质降低，甚至造成严重的灾害。我国常见的农业害虫有 1 000 种左右，造成的损失可达 20% 以上。害虫不仅仅直接取食为害农作物，还能够传播病害，害虫可以作为真菌、细菌和病毒等的传播媒介，造成更大的损失。农产品在贮藏期间也会受到多种害虫的为害。

（1）害虫的数量庞大　在动物类群中害虫数量是第一位的，在我国，农作物上的害虫包括昆虫纲的 18 个目，可见数量之多。害虫的繁殖能力很强，产卵量大，生殖方式多样，还可以进行孤雌生殖。

（2）害虫的适应能力强　对温度、饥饿、干旱等都具有很强的适应能力，还能够通过休眠和滞育等方式来抵御不良的环境条件。害虫大部分都体型较小，很少的食物和空间就能够满足其生存，再加之多数成虫都有翅能飞，在觅食、求偶和躲避敌人等方面都有很大的优势。

（3）内部相对竞争性较小　害虫口器形式多样，适宜取食不同的食物，能够避免对食物产生竞争。绝大多数害虫属于完全变态，幼虫和成虫在取食和生存环境的选择上都存在不同。

二、农业害虫的识别

农业害虫是属于昆虫纲的生物，在农业生产中主要是根据害虫的外部形态特征和为害状进行识别。

（一）害虫的外部形态特征

在历史的不断演化过程中，受遗传物质和环境条件的影响，害虫也出现了不同的变异，但所有害虫的基本结构都是由头部、胸部和腹部3个部分组成。害虫的外部形态识别主要是根据害虫的触角、翅和口器来进行区分。

1. 触角

害虫的触角能够起到通信的作用，雄虫的触角能够准确地接收雌虫在较远的地方释放的性信息素。触角根据长度、形状和结构可以分为不同的类型，不同类型的害虫，其触角往往也是不同的。触角的类型主要有以下7种。

（1）刚毛状　触角很短，基部1～2节较粗大，其余的节突然缩小，状如刚毛。如蝉、飞虱的触角。

（2）丝状　除基部两节稍粗大外，鞭节由许多大小相似的小节相连成细丝状，向端部逐渐变细。如蝗虫、蟋蟀等。

（3）锯齿状　鞭节各小节近似三角形，向一侧呈齿状突出，形如锯条。如锯天牛、叩头虫、芫菁等。

（4）栉齿状　鞭节各小节向一侧或两侧呈细枝状突出，形似梳子。如绿豆象雄虫，一些甲虫、蛾类的雌虫。

（5）双栉齿状　鞭节各小节向两侧作细枝状突出，形似鸟羽。如毒蛾、樟蚕蛾和许多蛾类雄虫。

（6）棍棒状　基部各节细长如杆，端部数节逐渐膨大，整个形状似一根棒球杆。如蝶类。

（7）鳃片状　端部数节向一侧扩展成薄片状，相叠在一起形似鱼鳃。如金龟子。

在实际生产中，可以根据害虫的触角类型，初步断定害虫的种类。

2. 翅

根据翅的形状、质地和功能可以将翅分为不同的类型，根据翅的不同类型可以初步断定害虫的种类。如常见的黏虫、小地老虎、玉米螟、二化螟、三化螟、甜菜夜蛾、斜纹夜蛾等都是鳞翅；负泥虫、稻水象甲、金龟子、米象、瓢虫等都是鞘翅；蝽类为半鞘翅；蓟马为缨翅等。用翅来识别害虫种类比较简单，在昆虫分类上大多数都是根据翅来命名的，如鳞翅目、鞘翅目等。

3. 口器

害虫因为食性和取食方式的不同，具有不同类型的口器，主要分为咀嚼式口器和吸收式口器。咀嚼式口器主要取食固体食物，吸收式口器主要取食液体食物，兼具食用固体食物和液体食物的口器称为嚼吸式口器。咀嚼式口器是最原始的口器类型，其他均由此演变而成，其中直翅目、大部分脉翅目、部分鞘翅目的成虫和很多类群的幼虫都是咀嚼式口器。鳞翅目成虫、半翅目和部分双翅目的害虫为吸收式口器。部分高等膜翅目害虫为嚼吸式口器。

（二）害虫的为害状

害虫对农作物的为害是多种多样的，对作物的根、茎、叶、花、果实和种子都可以进行为害，其为害状是不同的。

1. 对根部的为害

为害根部的农业害虫主要是地下害虫，地下害虫是指一生或是一生中某个阶段生活在土壤中为害作物地下部分的杂食性害虫，主要有蛴螬取食作物的幼根，将根部咬伤或是咬断，为害特点是断口比较整齐，使幼苗枯萎死亡；金针虫咬食种子、胚芽、根茎，为害特点是将幼根食成小孔，致使死苗或块茎腐烂；蝼蛄取食根部，为害特点是咬成乱麻状，还会在地表层活动，形成隧道，使幼苗根和土壤分离而死亡。

2. 对茎部的为害

为害作物茎部的主要是蛾类，如玉米螟为害玉米茎秆，影响玉米的养分运输，使玉米容易断折；二化螟为害水稻茎秆，造成水稻枯鞘、枯心苗和白穗。

3. 对叶片和花的为害

为害作物叶和花的害虫比较多，如蝗虫取食叶片，可以将作物吃成光杆儿；蚜虫刺吸叶片中的汁液，使叶片发霉枯死，影响光合作用；稻管蓟马为害花器，引起籽粒不实，形成空粒。

4. 对果实和种子的为害

为害作物果实和种子的害虫也有很多，如大豆食心虫，以幼虫蛀入豆荚取食豆粒；梨小食心虫蛀入果心为害、脱果孔腐烂变黑；桃蛀螟为害桃子，蛀孔外堆有黄褐色透明胶质物及粪便。

由此可以根据不同害虫的为害特点来判断害虫种类。

三、杀虫剂作用位点

（一）害虫的体壁

害虫的体壁是害虫最外层的组织，能够防止水分蒸发和抵御外源物的侵袭。

1. 抑制几丁质合成酶的活性

体壁的表皮主要是由几丁质和蛋白质组成的，可以通过抑制几丁质合成酶的活性，干扰和破坏几丁质的合成，使害虫在蜕皮的时候不能够形成新的表皮，造成畸形或者死亡，这就是灭幼脲等生长调节剂的作用机理。

2. 提高水分蒸发率

表皮能够抑制水分蒸发，但是外界温度如果超过了其最高临界温度，则表皮的蜡质层将从不透水变为可以透水。我们可以通过提高外界温度，或用氯仿、乙醚等有机溶剂来去除蜡质，从而提高害虫体内的水分蒸发率，使外部水分向害虫内部渗透引起害虫死亡。

（二）害虫的神经系统

神经系统的作用是与外界进行联系，协调害虫的运动，通过神经的一系列传导来调节体内的生理状态。

1. 对轴突传导的影响

有机氯杀虫剂进入害虫体内，其分子能够嵌入轴突膜上的 Na^+ 通道，出现重复的动作电位，表现出过度兴奋和痉挛，随之麻痹中毒而死亡。

拟除虫菊酯类杀虫剂也是作用于轴突膜上的 Na^+ 通道，改变膜的渗透性，从而阻断传导，影响突触传递，造成中毒死亡。

2. 对乙酰胆碱受体的影响

一些杀虫剂能够对乙酰胆碱受体产生抑制作用，阻断乙酰胆碱和受体的结合，使得神经不能进行传导，造成害虫死亡。如烟碱和沙蚕毒类杀虫剂。

3. 对乙酰胆碱酯酶的影响

有机磷和氨基甲酸酯类的杀虫剂能够和乙酰胆碱受体结合，抑制乙酰胆碱酯酶活性，造成大量乙酰胆碱不能结合，堆积在突触部位，造成害虫过度兴奋、行动失调，中毒麻痹而死。

4. 对囊泡释放的影响

还有一些杀虫剂能增加囊泡的释放量，也会造成害虫兴奋而死，如环戊二烯类杀虫剂。

（三）害虫的激素和外激素

1. 害虫的激素

害虫的生长发育、蜕皮、变态、滞育等活动都离不开激素的调节，害虫激素有 20 多种，有些激素的性质已经研究得很明确。

（1）促蜕皮激素　促蜕皮激素是第 1 个被发现的昆虫激素，小分子质量的促蜕皮激素能够使蜕皮激素缓慢释放，使幼虫停止取食，做好化蛹的准备。大分子质量的促蜕皮激素能引起蜕皮激素大量释放，使昆虫蜕皮。例如，印楝素可以通过抑制脑神经分泌细胞对促蜕皮激素的合成与释放，降低昆虫蜕皮激素的合成，使昆虫不能蜕皮而死亡，还能使成虫不能繁殖。

（2）蜕皮激素　蜕皮激素在保幼激素的协同作用下使昆虫蜕皮，当不再进行蜕皮的时候，其滴度明显下降。蜕皮激素类杀虫剂能促进害虫提前蜕皮，形成畸形小个体，最后害虫因脱水、饥饿而死亡。例如，抑食肼具有抑制进食、加速蜕皮，对成虫具有减少产卵的作用；虫酰肼促进鳞翅目幼虫蜕皮，害虫在不该蜕皮时蜕皮，幼虫由于蜕皮不完全而导致脱水、饥饿而死亡。

（3）保幼激素　保幼激素用于维持幼虫特征，防止其进行变态。不同的种类和不同的虫期，保幼激素的含量都是不同的，当保幼激素含量很低的时候，幼虫就会进行变态发育。迁飞性害虫在保幼激素水平很低的时候会进行迁飞。保幼激素类杀虫剂能够抑制害虫的生长发育，使其不能变态，形成超龄幼虫或中间体而使害虫畸形不能繁殖。例如，烯虫酯能干扰烟草甲虫、烟草粉螟的生长发育过程，使成虫失去繁殖能力，从而有效控制害虫种群的增长。

2. 害虫的外激素

外激素又称为信息激素，是由昆虫个体分泌到体外，能影响其他个体的行为、发育和生殖等的化学物质，具有刺激和抑制两方面的作用。

（1）性外激素　性外激素是指昆虫分泌的可以在两性之间进行信息交流的化学物质，能够起到性引诱的作用。在自然界中雌成虫可以分泌并释放性信息素，距离很远的雄虫也能接收到信息，前来与雌虫进行交配。通过研究这些信息素的合成和配比，进行人工合成，利用橡胶等载体做成诱芯，应用到农业防治上，通过诱芯释放的性信息素模拟雌虫释放的性信息素，引诱雄虫前来交配，通过配套的诱捕器将雄虫捕获，减少雌雄交配，降低田间产卵量，从而降低幼虫数量，减少为害。还可以通过此方法对害虫进行监测，通过诱捕到的雄虫数目，估计出该地区害虫种群的大小和发育周期，确定是否有必要施用常规农药以及何时施用。目前我国梨小食心虫、二化螟、玉米螟、稻瘿蚊和三化螟等的性外激素的利用都进行了研究，并取得了一定成效。

（2）告警外激素　此类激素常见于蚜虫当中，受到天敌侵袭的时候蚜虫可以分泌一种化学物质，使得附近的蚜虫逃避或落地。可以通过研究告警外激素的成分进行人工合成，制成驱避剂，应用到农业生产中，能够使害虫忌避，或能驱散害虫，防止害虫为害农作物。

（3）集结外激素　集结外激素是昆虫重要的信息化学物质之一，对昆虫的聚集行为有重要的意义。甲虫类害虫分泌集结外激素能招引其他个体飞来集结，对雌雄虫都具有吸引力。可以通过研究集结外激素的成分进行人工合成，制成聚集素，做成诱饵，结合配套的诱捕器，应用到农业生产中，利用人工合成的诱饵将大量害虫引诱过来，通过配套的诱捕器进行捕获，起到防治害虫的作用。

四、害虫的天敌及其应用

在自然界当中，每种害虫都有自己的天敌，害虫的每个虫期都可能遭遇天敌而大量死亡，天敌能够很好地控制害虫的数量。天敌种类众多，可以分为病原生物、天敌昆虫和其他捕食性动物。

（一）病原生物

害虫的病原生物包括很多种，有病毒、细菌、真菌、线虫、立克次氏体和原生动物等，这些病原生物都是寄生性天敌，能够感染害虫使其死亡。

1. 病毒

病毒的专一性很强，一般情况下一种病毒只能感染一种害虫或一类害虫。例如，核多角体病毒在自然界当中可以寄生鳞翅目幼虫，使其体内液化；颗粒体病毒寄生鳞翅目幼虫，使其虫尸呈乳白色；质多角体病毒可以寄生鳞翅目、双翅目、脉翅目幼虫，感染者状态可能并不相同；多形体病毒寄生直翅目昆虫，使其腹部膨胀而死；无包涵体病毒感染鳞翅目、鞘翅目幼虫，使其虫体呈蓝紫色。

应用病毒防治害虫优点是专一性强，不会伤害天敌，绿色环保，应用剂量小，而且可以在害虫之间传播，但是病毒一般不耐紫外光，容易失活，加上培养和生产上的困难，导致应用病毒防治农业害虫在实际应用上还存在着一定的困难。

2. 细菌

害虫的致病细菌有无芽孢杆菌和芽孢杆菌两种。

（1）无芽孢杆菌　无芽孢杆菌可以感染鞘翅目、鳞翅目、双翅目和直翅目等昆虫，这些细菌主要侵染害虫的消化道，但不能侵入中肠，一般不能造成疾病，如果害虫的中肠受损，便能引起败血症。

（2）芽孢杆菌　芽孢杆菌能够破坏害虫的组织，还能产生毒素杀死害虫。例如，苏云金杆菌对害虫的毒性高、杀虫范围广、无毒无害、绿色环保，用于防治多种鳞翅目害虫，效果比较理想，是现在应用最广的微生物制剂。

3. 真菌

真菌一般是通过体壁进入害虫体内的，可以通过生成很多菌丝侵入各个组织引起害虫死亡。被真菌侵染死亡的害虫往往身体僵硬，菌丝穿出体壁包围了整个虫体，例如，白僵菌和绿僵菌侵染害虫后，表面可以看到白色或绿色的绒状物，菌丝体通过形成孢子还能继续传播给其他害虫。白僵菌和绿僵菌还能够产生白僵菌素和绿僵菌素，毒死害虫。白僵菌和绿僵菌已经拥有成熟的生产技术，利用白僵菌防治玉米螟得到了很好的防治效果。

4. 线虫

线虫能够寄生害虫使其死亡，线虫侵染害虫受外界环境影响较大，因此目前应用线虫防治农业害虫还属于尝试阶段。

索线虫的幼虫可以穿过害虫体壁进入体腔，与害虫一起生活，当线虫成熟，穿出体壁后，害虫死亡。一些新线虫可以通过害虫的肠道进入体腔，但不一定杀死害虫，而是可能携带病毒或细菌使害虫染病。

5. 立克次氏体

立克次氏体的寄主范围很广，能够寄生于动物和植物细胞，某些种类寄生于脊椎动物，使人体染病。

（二）天敌昆虫

天敌昆虫是害虫天敌中的很重要的一个类群，能够很好地抑制害虫的种群数量，天敌昆虫可以分为捕食性天敌和寄生性天敌。

1. 捕食性天敌

捕食性天敌一般直接取食害虫，将害虫当场杀死，一生当中可以取食多个害虫，成虫和幼虫往往有着相同的食性，捕食性天敌往往体型比害虫大。例如，七星瓢虫（图1-1）、异色瓢虫（图1-2）、龟纹瓢虫等可以取食蚜虫、介壳虫、粉虱和叶螨；草蛉（图1-3）可以捕食蚜虫、粉虱、螨类、棉铃虫等；螳螂（图1-4）成虫和若虫均为捕食性，可以取食蚜虫、棉铃虫、粉虱、金龟子、蝗虫等。

图1-1　七星瓢虫

图1-2　异色瓢虫

图1-3　草蛉

图1-4　螳螂

2. 寄生性天敌

寄生性天敌一般以幼虫的形式寄生在害虫的体内，会与害虫共同生活一段时间，当天敌取食足够的营养之后，寄主才会死亡，一生只寄生一头害虫，而成虫和幼虫一般食性不同。寄生性天敌往往体型比害虫小。寄生性天敌有卵寄生、幼虫寄生、蛹寄生和成虫寄生。

卵寄生昆虫的成虫把卵产入寄主卵内，其幼虫在卵内取食、发育、化蛹，至成虫才咬破寄主卵壳外出自由生活。例如，赤眼蜂科、平腹蜂科的大多数种类等。

幼虫寄生的成虫把卵产入寄主幼虫体内或寄主体外。例如，小蜂总科的许多种类等。

蛹寄生昆虫的成虫把卵产于寄主蛹内或蛹外。例如，姬蜂总科等。

成虫寄生昆虫的成虫把卵产于寄主的成虫体上或体内。例如，寄蝇、麻蝇等。

（三）其他捕食性动物

其他捕食性动物包括两栖类、爬行类、鱼类、鸟类、兽类等。

1. 蜘蛛

在各种农作物上有近百种蜘蛛，这些蜘蛛可以取食农作物上的害虫。蜘蛛的食性较杂，可以取食多种害虫，能在一定程度上控制害虫的种群数量，但当某种害虫的种群数量过大时，蜘蛛无法起到很好的控制作用，当某种害虫数量急剧减少时，也不会因为食物链断裂而使蜘蛛数量减少。

2. 捕食螨

捕食螨是害螨的捕食性天敌，种类多、捕食量大、繁殖力强、适应性强，能够大量取食农作物上的叶螨。常见的有智利小植绥螨、德氏钝绥螨等。

3. 其他

蟾蜍和青蛙都捕食昆虫，以昆虫为食；蜥蜴主要以昆虫为食；鸟类和蝙蝠捕食各类害虫；一些鼠类也会捕食金龟子幼虫。

五、昆虫的变态发育

昆虫的个体发育中要经过一系列的变化，即变态。昆虫的变态可以分为增节变态、表变态、原变态、不完全变态和完全变态。日常接触到的农业害虫以完全变态为主，即经过卵、幼虫、蛹和成虫4个不同的虫态。

（一）卵

卵形成期为昆虫的胚前发育。昆虫的性别有雌性、雄性和雌雄同体，具有雌雄二型现象和多型现象。昆虫的生殖方式根据不同的分类可以分为单体生殖和双体生殖；两性生殖和孤雌生殖；单胚生殖和多胚生殖；成体生殖和幼体生殖；卵生和胎生。一般情况下为双体、两性、单胚、成体、卵生的方式，称为两性生殖，其他方式均为特殊生殖。

卵是昆虫个体发育的第一个虫态，卵的外形和颜色也是多种多样的，大部分刚产的卵为乳白色或淡黄色，之后逐渐加深，孵化之前变得更深，如褐色等，因此可以根据卵的颜色来推测害虫的发育进度。

昆虫的产卵方式也有很多不同，有些是单产，有些是块产，有的产在作物的表面，有的产在叶片的背面，或者产在隐蔽的地方，如土中、石块下、缝隙中，农业害虫最多的还是产在作物表面或体内，便于幼虫一孵化出来就有充足的食物。通过学习害虫产卵的习性有助于在植物保护工作中对害虫进行监测，及时了解害虫的发育时期和发育进度，有利于及时采取防治措施。

（二）幼虫

昆虫的幼虫是昆虫发育的第二个虫态，从卵变为幼虫的过程叫作孵化。农业害虫中为害作物的主要是昆虫的幼虫，因此幼虫的防治是防治农业害虫的关键。幼虫可以为害作物的各个器官，通过了解幼虫的生活习性和为害状可以很好地监测和防治害虫。

（三）蛹

幼虫在获取充足的养分之后变为不食不动的虫态蛹的过程叫作化蛹。一般化蛹前幼虫停止取食，选择隐蔽在安全的场所，蜕去幼虫表皮，变为蛹的结构。蛹是从幼虫到成虫的一个过渡，不为害作物，抗药性比较强，因此较少防治害虫的蛹。

（四）成虫

蛹的颜色变深，蜕皮而出变为成虫的过程叫作羽化。成虫大部分不再取食，小部分吸食花蜜等补充营养，个别成虫继续为害作物。成虫的作用主要是交配产卵，延续后代，一般雄虫交配后很快死亡，雌虫交配后生活的时间较长，可以多次产卵，大多产卵一段时间后便死亡。虽然大部分成虫不为害作物，但是成虫与下一代的幼虫数量息息相关，因此主要通过物理等方法防治成虫，减少下一代的幼虫数量。

全变态昆虫是各类变态中进化最完全的一类，不仅幼虫和成虫的外部形态有很大的不同，而且生存环境和食性也相差很多，因此很大程度上减少了一种昆虫对食物和生存环境之间的竞争。

六、昆虫的生活史

昆虫的个体自离开母体到性成熟产生后代为止的生育过程叫生命周期，这一过程为一个世代。

（一）昆虫的化性

昆虫在 1 年当中的生活史称为年生活史；昆虫完成 1 代的生活史称为代生活史。昆虫完成 1 代需要的时间称为化性，1 年发生 1 代的称为一化性，1 年发生 2 代的称为二化性，1 年发生 3 代以上的称为多化性，1 年无法完成 1 代的称为部化性。许多害虫的化性随着温度的不同而进行变化，例如，玉米螟在吉林省 1 年只发生 1 代，而在四川省 1 年可以发生 2 ～ 4 代。

（二）世代重叠

二化性和多化性的昆虫由于 1 年可以发生 2 代以上，而不同个体发育的进度不同，发生期的时间比较长，导致前后世代有明显的重叠现象称为世代重叠。在同一时间点，群体内的不同个体可能处于不同的发育年龄和生活周期的不同阶段，可以出现各种不同的虫态。例如，长江中下游地区，8—9 月稻纵卷叶螟以第 5 代为主，兼有第 4 代、第 3 代。

（三）世代交替

无性世代和有性世代进行交替，称为世代交替。部分多化性昆虫 1 年中的不同世代生殖方式有着明显的不同，往往是孤雌生殖和两性生殖进行交替。例如，高粱蚜在吉林省 1 年可以发生 16 代左右，以卵在荻草的叶鞘和叶背上越冬，翌年当气温达到 10℃ 左右的时候，越冬卵孵化为干母，在荻草上取食并繁殖 2 ～ 3 代，待高粱出苗后迁到高粱上，在高粱叶片背面取食和繁殖，逐渐向全田进行扩散，当高粱成熟的时候，有翅蚜向荻草上进行迁飞，在气温降低到 14℃ 的时候，高粱和荻草上会出现两性蚜，交配后产卵越冬。

（四）休眠和滞育

在昆虫的生活史中，当遇到外界不良条件的时候，会出现了安全渡过不良环境而暂时使生命活动停滞，称为越冬或者越夏。可以分为休眠和滞育两种形式。

1. 休眠

休眠是当环境条件不适宜的时候，一般主要是高温或低温，昆虫进入休眠，而当环境条件恢复的时候，能够立即恢复生长发育，是由不良环境条件直接引起的。有的昆虫是以特定的虫态进行休眠，有些则任何虫态均可休眠。

2. 滞育

滞育也是由环境引起的，但不是由不良环境条件直接引起的，而是昆虫本身已经具有一定的遗传稳定性的一种生物学特性，滞育后即使给予最适宜的环境条件，昆虫也不能马上恢复生长发育。

据研究，光周期的变化是引起滞育的主要因素，其次是温度和食物等。临界光周期能够使某种昆虫一半的个体进入滞育，而在不同纬度上其临界光周期也不同，所以，低纬度的昆虫相对滞育较晚。例如，亚洲玉米螟在南京的临界光周期为810min，在沈阳临界光周期为850min，在山西省临界光周期为870min，在公主岭临界光周期为14h。

滞育内在因素其实是激素的调节，引起和解除滞育都需要通过激素的分泌来实现。昆虫在进入滞育之后就需要一定时间的代谢才能够解除滞育。

休眠和滞育都是用于抵抗不良环境的，但相比较而言，滞育抵抗不良环境的能力更强，所以从休眠到滞育也是昆虫的生活史通过进化得来的。

七、害虫的习性

习性是指某种昆虫具有的生物学特性，亲缘关系相近的昆虫会具有相似的习性，如夜蛾类害虫一般都是夜晚进行活动。

（一）害虫活动的昼夜节律

绝大多数害虫的活动都具有固定的昼夜节律。白天出来活动的称之为日出性昆虫，如蝴蝶类、蜻蜓类等；晚上出来活动的称之为夜出性昆虫，如蛾类、地下害虫类；弱光下出来活动的称之为弱光性昆虫，如蚊子、黏虫等。

（二）趋性

趋性是害虫对某种刺激有定向活动的现象，有趋光性、趋化性、趋热性、趋湿性、趋声性等。根据方向的不同，还分为正趋性和负趋性。可以利用害虫的趋性来监测害虫、采集标本、检查检疫性害虫和诱杀害虫等。

1. 趋光性

害虫向着光产生的方向活动称为趋光性。害虫会对不同光波有不同的反应。大多数夜出性害虫、地下害虫以及叶蝉、飞虱、金龟甲等对短波光线具有正趋性。日出性害虫对日光也有正趋性。

2. 趋化性

害虫会对于某些化学物质产生定向活动的行为称为趋化性，其与害虫的觅食、求偶和产卵等密切相关。

例如，十字花科植物中所含的芥子油对菜粉蝶有引诱作用；大葱花中含的有机硫化物，对黏虫有引诱作用；雌蛾性激素对雄蛾有引诱作用等。

3. 趋热性

害虫会对相对温暖的地方产生定向活动的行为称为趋热性。例如，美国白蛾初孵幼虫具有趋热性。很多害虫具有趋热性，可以通过白炽灯进行诱杀，效果比黑光灯要好。

（三）害虫的迁飞性

很多害虫具有有规律地从一个地方长距离转移到另一地方的行为，称为迁飞性，一般都是成群进行迁飞。很多农业害虫都具有迁飞性，如黏虫、稻纵卷叶螟、褐飞虱、甜菜夜蛾、东亚飞蝗等。

昆虫的迁飞既不是无规律突然发生的，也不是在个体发育过程中对某些不良环境因素的暂时性反应，而是物种在进化过程中长期适应环境的遗传特性，是一种种群行为，是为了减少竞争，保证其生活史的延续和物种的繁衍。迁飞常发生在成虫的一个特定时期"幼嫩阶段"的后期，雌成虫的卵巢尚未发育，大多数还没有交尾产卵。害虫迁飞往往导致一些地区害虫突然暴发，给农业生产造成严重的损失，因此要做好全国性的预测预报。

（四）拟态、伪装和假死

1. 拟态

拟态是指害虫模拟另一种生物或其他个体而获得自我保护的现象。拟态对害虫的取食和躲避天敌具有重要的意义。有的害虫还会具有和生活环境背景相似的颜色，还能够随着环境的改变而变色，例如，蝗虫在杂草和绿色作物上取食时颜色为绿色，在沙地上生活的颜色为土黄色。在普查害虫时要注意认真检查和区分。

2. 伪装

伪装是指害虫利用环境中的物体来伪装自己，可以是土粒、沙粒、植物叶片和花瓣等。很多幼虫常常进行伪装，例如，蓑蛾幼虫用丝、枝叶碎屑和其他残屑构成袋状外壳负之而行（图1-5）。

图 1-5 蓑蛾幼虫的伪装

3. 假死

假死是指害虫受到刺激时，静止不动或突然跌落下来呈"死亡"状态，片刻后又恢复正常的现象。假死是害虫自我保护的有效方式，如金龟子、叶甲和黏虫的幼虫（图1-6）都具有假死性，可以利用害虫的这个特性进行标本的采集、害虫的预测预报和防治等。

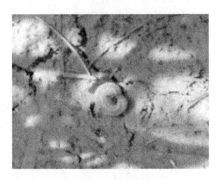

图 1-6 黏虫的假死

八、环境对害虫的影响

农作物和害虫在自然中生长，都离不开环境的影响，了解害虫和环境之间的相互作用，对于害虫的发生期和发生量预测具有很重要的作用，可以用于防治害虫和其他农业技术。

（一）温度

害虫需要在一定温度范围内才能够正常生长发育，超过一定范围，生命活动就会被抑制，甚至死亡。一般害虫都有一个最适温区，在这个温度下，生命活动能够正常进行，体内能量消耗小，死亡率低，繁殖力强。该温区又叫做有效温区，有效积温是害虫整个生长发育需要从外界获得的热量，其发育起点温度一般是 0℃以上的一个温度，在这个温度以上才能称为有效温度，整个生育期的有效温度的总和就是有效积温。

（二）湿度

不同的害虫对湿度的要求不同，地下害虫生活在土壤中，如果相对湿度低于 100%，害虫就会失水而体重下降，甚至死亡；钻蛀类害虫同样也适合于100% 的相对湿度。早春降水与解除越冬幼虫的滞育有着密切的关系，例如，玉米螟解除滞育后需要饮水才能化蛹；冬季下雪有利于保持土壤温度，对土中越冬的害虫起到保护的作用；暴风雨能够杀死部分的害虫，很多迁飞的昆虫也会因为大雨停止飞行而被迫降落；连续的降雨也会影响赤眼蜂等寄生蜂的寄生。

（三）风

风能够降低相对湿度，进而降低温度，从而影响害虫的活动。风对害虫的迁移、传播作用在部分情况下是有利的，许多昆虫能够借助风力传播到比较远的地方。

（四）土壤

土壤一般对地下害虫的影响比较大，土壤温度的变化随着土层的加深而趋于稳定，土中生活的昆虫往往随着土壤中的适温层的变动而改变栖息和活动的深度。一般温度下降时向下移动，当温度升高时，向上移动到表土层，如果土表温度过高时，再下降到适合的温度区域，例如，金针虫和蛴螬都具有这种特性。

第二节　农业病害

作物病害是威胁农业生产的自然灾害之一，病害发生严重时，可以造成农作物严重减产，品质下降，影响农民的收入和人们的生活。带有危险性病害的农产品不能出口，影响外贸经济，个别带病的农产品会产生毒素，影响人们健康，引发疾病、致癌、中毒等。所以有效防治作物病害有着至关重要的作用，可以提高作物产量，保证粮食安全，保障人们的生活。

一、作物病害相关概念

（1）病原　引起作物病害的外因称为病原。包括病原物和不良环境条件等诱因。

（2）病原物　引起作物发生病害的寄生物称为病原物。

（3）寄主　被病原物寄生的作物称为寄主。

（4）病程　作物的组织机构和生理异常变化过程称为病程。

（5）病害三角　病原物、寄主和环境称为病害三角。

（6）病害循环　病害从前一生长季节开始发病，到下一生长季节再度延续发病的过程称为病害循环。

二、作物病害的识别

（一）作物病害的症状

要做好作物病害的识别工作，首先要了解作物病害的症状，即作物病害发生后表现出来的病态。

1. 变色

作物发病后整株或部分失去正常的绿色，颜色改变称为变色。

（1）花叶　叶绿素减少而导致的不均匀变色，单子叶作物花叶也称为条斑。

（2）褪色　叶绿素减少而导致的叶色均匀变浅。

（3）黄化　叶绿素减少而导致的叶色均匀变黄。

（4）斑驳　叶片变色的边缘轮廓不清。

（5）白化　由于遗传因素导致的不形成叶绿素。

2. 坏死

作物发病后，其细胞或组织已经死亡，称为坏死。

（1）叶斑　具体表现为圆斑、角斑、穿孔等，其大小形状不相同，边缘轮廓清楚。

（2）叶枯　具体表现为叶片大面积坏死，边缘不清，也有部分表现为叶尖枯死，是为叶枯。

（3）立枯　具体表现为作物幼苗贴近地面的茎秆坏死。

（4）溃疡　具体表现为作物皮层腐烂，木质部外露。

（5）疮痂　具体表现为表面粗糙或发生龟裂。

（6）炭疽　具体表现为病斑凹陷、变褐，有轮状排列的小黑点。

3. 腐烂

作物病组织细胞受到破坏和消解，水分流出而腐烂。可以分为根腐、茎腐、果腐和穗腐等。

（1）干腐　死亡慢，已经失去水分。

（2）湿腐　死亡快，没有失去水分。

（3）软腐　中胶层受到破坏。

4. 萎蔫

作物全部枝叶或部分枝叶出现失水状态而凋萎下垂。作物受到病原物为害后，阻碍水分的运输，造成叶片枯黄，使作物枯萎，甚至死亡。

5. 畸形

作物受病原物侵染后病组织或细胞生长受阻或过度增生而造成形态异常。

（1）矮缩　具体表现为全株节间缩短、分蘖增多，病株比健株矮小，如水稻普通矮缩病。

（2）徒长　具体表现为作物病株比健株生长得特别细长，如水稻恶苗病。

（3）皱缩　局部病组织细胞发育不平衡，常见于叶面上高低不平。

（4）疣肿　作物根、茎或叶片上形成突起的增生组织，如玉米瘤黑粉病。

在实际的农业生产当中，作物病害的症状存在多种的变化，一种作物可能同时受到多种病原物的侵害，其中可能一种病原物侵害后表现为比较典型的症状，也可能表现为不同的症状，这与作物的品种抗性和当时的环境影响有关，具体识别的时候应该具体问题具体分析。

（二）作物病害的病症

病症是指病原物在侵染作物后表现出来的特征性结构。根据病原物在作物上表现出来的病症可以对病原物有一个初步的识别，先判断是细菌性的还是真菌性的，如果是真菌性的大概是哪一类真菌。需要注意的是病毒侵染作物后是没有病症的，只有病状。

1. 霉状物

发现霉状物就可以断定这是真菌性病害一种常见的病症，不同的病害，霉层的颜色、结构、疏密等变化较大。可分为霜霉、黑霉、灰霉、青霉、白霉等。

2. 粉状物

粉状物也是一种真菌性病害的常见病症，是某些真菌的孢子密集地聚集在一起所表现的特征。根据颜色的不同可分为白粉、锈粉、黑粉等。

3. 粒状物

这也是真菌病害的常见病症，病菌常在病部产生一些大小、形状、颜色各异的粒状物，主要有分生孢子器、分生孢子盘和分生孢子座等。

4. 菌核

真菌性病害特征，一般多见于丝核菌和核盘菌中，例如，水稻纹枯病便是以菌核进行越冬的。

5. 脓状物

发现脓状物就可以判断这是细菌性病害的特征。会在病部表面溢出含有许多细菌和胶质物的液滴，称作菌脓或菌胶团。其失水干燥后变为菌痂。

（三）病害对作物的危害

病原物侵染作物后对作物会造成各种各样的危害，多数病害给作物造成局部的伤害，严重者对作物品质和产量造成严重影响，个别病害能够影响整株的发育，造成作物死亡。

1. 病害对根部的危害

不少作物在苗期就会感染病害，导致烂根，使得幼苗生长缓慢甚至死亡。如果在后期侵染根部，就会影响根部的吸收作用，影响水分和营养的摄取，作物生长缓慢，发育不良。

2. 病害对茎部的危害

有些病害主要侵染作物的茎部，影响水分和营养的运输，导致植物部分枯死、萎蔫，甚至整株死亡。

3. 病害对叶部的危害

叶片发病后会发生变色、发黄、皱缩、焦枯等，严重影响了叶片的光合作用，从而降低了作物的产量和质量，造成巨大的经济损失。

（四）作物的抗病性

1. 作物的抗病等级

不同的作物对病原物侵染的反应不同，有的可能不发病，有的则发病严重甚至死亡。其中被病原物侵染后症状轻的称为抗病，根据轻的程度还可以分为高抗、中抗和低抗。发病重的称为感病，根据严重程度还可以分为严重感病、中度感病等。有些作物在感染病害后发病症状较为严重，但对产量的影响相对较小，这种属于耐病。有些作物能够通过本身的形态或生理方面的特征而避免发病，例如，有些小麦品种在开花期颖壳关闭，从而预防散黑穗病。

2. 环境对作物抗病性的影响

作物的抗病性还与环境的影响息息相关，当环境不适宜作物生长的时候，作物就容易感染病害。

（1）温度　很多作物在温度不适宜的时候就会感染病害。如稻瘟病和小麦根腐病往往都是在温度降低的情况下，作物自身抗病能力下降而感染病害。

（2）水肥　水肥管理对于病害的发生也关系密切。例如，稻田氮肥施用过多，则容易发生稻瘟病，缺水会得胡麻斑病。小麦大水大肥则小麦叶枯病发病轻，缺水缺肥则发病重。

三、作物病害的分类

作物病害可以根据引起病害的外部因子进行分类，如果外部因素为非生物的则叫作生理性病害或非侵染性病害；如果外部因素为生物则叫作寄生性病害或侵染性病害。

在实际生产中，作物的非侵染性病害和侵染性病害的症状往往不易区分，容易误诊，导致防治方法不正确，错过了最佳防治时间，造成严重的产量损失；或者导致胡乱用药，增加了农药的施用量，容易造成残留和污染。因此准确区分两类病害具有重要的意义，为作物的产量和品质保驾护航。

（一）非侵染性病害

非侵染性病害是由非生物因素引起的，也就是外界不良环境因素，这类病害不能在作物之间互相传染。外界不良因素一般包括营养不足，碱性土壤，干旱或洪涝，低温寡照或高温强日照，有毒气体或环境污染等。

1. 非侵染性病害的特点

（1）突发性　非侵染性病害发病比较突然，且作物的发病时间比较一致，没有一个发病的过程。

（2）普遍性　非侵染性病害通常是成片普遍发生，没有发病中心，整片发病情况较为统一，病情没有轻重之分，病斑的形状、大小、色泽也较为相同，甚至受害的不同作物和杂草的症状都是相同的。

（3）**散发性** 作物发病后多为整株出现病状，通过采取相应的措施改变不良环境条件，作物就可以恢复正常生长。

（4）**没有病症** 非侵染性病害发病后只有病状，由于没有病害物侵染，所以没有病症。

2. 作物上常见的非侵染性病害

（1）**缺素症** 缺素症是指植物在生长过程中因缺乏某种营养素而导致的一些生长异常的症状。

缺氮：氮元素移动性比较强，缺氮时会导致作物新叶淡绿色，老叶干枯发黄，茎细长，果穗小。

缺磷：磷元素容易移动，缺磷时作物老叶暗绿色或紫红色，生育期延迟，植株瘦小，抗寒能力差。

缺钾：钾元素容易移动，缺钾时作物中下部叶片边缘变黄，出现斑点，随着作物生长发育越来越严重，导致早衰。

缺锰：锰是不易移动的元素，缺锰时中上部叶片下垂，叶脉和叶肉出现黄色斑点。

缺铁：铁是不易移动元素，缺铁时下部叶色绿，顶端嫩叶变黄，还带有一些灰色。

缺钙：钙是不易移动元素，缺钙时顶部嫩叶干尖，叶片向上卷曲，顶芽枯死。

缺硼：硼是不易移动元素，缺硼时心叶萎缩、枯顶、畸形；花而不实，出现空壳、瘪粒。

缺锌：锌是容易移动元素，缺锌时出现叶小簇生，花叶、缩叶等现象。

缺硫：硫是不易移动元素，缺硫时嫩叶变黄，顶芽枯死。

缺镁：镁是容易移动元素，缺镁时叶脉绿色、叶片黄色，会出现坏死斑点。

缺铜：铜是不易移动元素，缺铜时幼叶萎蔫，果穗发育失常。

缺钼：钼是不易移动元素，缺钼时心叶畸形，叶片出现斑点。

（2）**低温冻害** 作物的生长发育需要适宜的温度，当环境中的温度过低时，会对作物的生长和发育造成严重的危害，最终导致作物减产、品质下降。低温阴雨天气由于积温不足，还会出现渍害，导致烂根，影响作物收获。冻害发生后，气温回升，作物细胞会失水而萎蔫。

（3）**干旱灾害** 干旱会导致作物缺水，影响其正常的生长发育。种子缺水难以发芽，出现断垄的现象。作物水分敏感期缺水，会影响有机物质的合成和运输，降低作物产量。

（4）大风灾害　大风天气会危害作物生长，导致植物气孔关闭，水分大量消耗，光合作用减弱，还会导致作物倒伏。大风还会加重干旱灾害，亦有助于害虫和病原物的传播，还能使作物摩擦产生伤口，有助于病原物的侵染和为害。

在农业生产中这些不良因素往往不是单独存在的，而是互相影响的。例如，在水田中直接使用未腐熟的农家肥，当农家肥被分解的时候，土中会呈现缺氧的状态，还会产生有毒气体硫化氢，使水稻根系腐烂甚至死亡。

（二）侵染性病害

侵染性病害是由生物因素引起的，也就是病原物，包括真菌、细菌、病毒和线虫等。这些植物病原物都是异养的，在自然界中需要在活体生物上寄生或是在死物上腐生。

1. 真菌性病害

由于真菌的适生性和繁殖能力比较强，还有利于传播，所以真菌引起的病害最多，也最严重。真菌可以进行无性繁殖，也可以进行有性繁殖。无性繁殖主要是在作物的生长季节进行，无性孢子繁殖快、数量大、扩散广，能够扩大适生领域，有助于延续后代。有性生殖多发生在作物的生长后期，主要通过产生有性孢子，从而度过不良环境。真菌还能通过菌核度过不良环境，当条件适宜的时候，再萌发形成菌丝体继续进行侵染。

不同的真菌生活习性和为害症状均不相同，主要是产生霉状物或粉状物。例如，腐霉菌会导致作物根茎腐烂，湿度够大时还会长出白色毛状物；霜霉菌为害作物地上部，引起叶斑，还会长出霜状的霉状物；黑粉菌会产生黑色粉状物，白粉菌会产生白色粉状物。所表现的特点典型而各不相同。

2. 细菌性病害

在我国有 60 ～ 70 种病原细菌，农作物上主要的细菌性病害有水稻白叶枯病、马铃薯黑胫病、马铃薯环腐病等。

细菌繁殖迅速，在条件适宜的情况下，每小时可以分裂 1 至数次，致病菌侵入寄主后，先将细胞或组织杀死，然后从中吸取营养，导致作物坏死或萎蔫，少数细菌产生刺激素导致植物细胞膨大增生形成肿瘤。细菌造成的病状与真菌不同，常常在病斑周围呈水渍或者油渍状，有时候还会出现胶状物，称为菌脓。

3. 病毒病

大多数农作物上都会有 1 种以上的病毒病害，病毒病的重要性要超过细菌性病害。其中禾本科、豆科、十字花科等作物受害较重，威胁作物生产，如水稻黄矮病、玉米条纹矮缩病和小麦丛矮病。

病毒病传染性强、病毒增殖快，会受外界条件影响，不同的病毒在其致死温度下处理 10min 就会失去传染力。如果用水稀释到一定的浓度，病毒也会失去传染力。并且具有一定的体外保毒期，即离开活体寄主之后能保持致病力的最长时间。

病毒与细菌、真菌的致病机理不同，病毒侵入寄主后，必须与寄主的原生质接触后才能增殖，所以病毒是从伤口侵入的，有些是作物细胞壁上的机械伤口，而有些必须靠昆虫传毒，将病毒带入作物体内。病毒侵入寄主后，依赖寄主细胞中的营养自我繁殖，并影响作物正常的生理代谢，严重的还会造成植株死亡。

（1）花叶类病毒病　就是作物感染此类病毒病后会产生花叶症状，可以通过机械伤口传播，也可以通过蚜虫传播，还能通过种子传播。而蚜虫传播病毒还分为两种类型，一种是蚜虫在有病植株上取食就能使口针带毒，再取食健康植株时就能进行传播，当口针中的病毒都用完后，就不能再进行传播了；另一种是蚜虫在病株上取食后，病毒要经过一个体内循环的阶段，才能进行传毒，同样当病毒用完后就不能再进行传播了。

（2）黄化类病毒病　黄化类病毒病产生的症状主要是黄化，不能通过机械摩擦进行传播，可以通过嫁接传播，但没有发现通过种子传播。可以通过蚜虫、粉虱、叶蝉等媒介进行传播。传播的方式也分为两种，第一种与花叶类病毒的第二种类型相似，第二种和第一种的区别在于病毒能够在昆虫体内繁殖，昆虫能够持续传毒。

4. 类菌原体

类菌原体产生的症状主要是黄化，传播的媒介主要是叶蝉、飞虱等，与黄化类病毒的传播特征基本相同。可以使用四环素、土霉素等进行防治，类菌原体对青霉素抗性较强。

5. 类螺旋质体

类螺旋质体和类菌原体具有较远的亲缘关系，是引起玉米矮缩病的病原，目前没有发现传播的昆虫介体。

6. 类立克次氏体

类立克次氏体与细菌比较相似，症状与黄化类病毒相似，木虱可以作为其传播昆虫介体，可以用青霉素或四环素进行防治。

7. 线虫

线虫种类很多，有些可以寄生在作物上，引起作物病害。在我国主要有水稻线虫病、小麦线虫病、大豆根节线虫病等。

线虫一般是圆筒形，两端稍尖，用口针刺穿作物并吸吮汁液。线虫在土壤或植物中产卵，孵化为幼虫后侵入寄主为害，幼虫可以直接变为成虫，交配之后雄虫死亡，雌虫产卵。

线虫的发育需要适宜的温度，一般在 20 ～ 30℃，高温不利于线虫的发育，甚至导致昆虫死亡。线虫喜欢潮湿而不积水的土壤环境，因为线虫存活还需要空气，积水导致线虫缺氧，长期积水能杀死大部分线虫，也是因为这个原因，线虫在沙壤土中发生较重，氧气充足，有利于线虫活动。

线虫寄生作物可以导致作物出现生长缓慢、矮小、衰弱等营养不良的症状，还会使作物畸形、扭曲、坏死，籽粒变为虫瘿，根部肿大等。这是由于线虫以口针刺穿作物，还会在植株中穿行，并分泌毒素使作物发生病变。

在实际生产当中，非传染性病害和传染性病害往往也不是独立存在的，经常是共同发生的。有时候由于外界不良环境的影响，导致作物生长受阻，抵抗力较差，容易被病原物侵染，从而发生传染性病害。例如，水稻在温度较高的情况下长势良好，抗病能力强，当长时间低温寡照，连续阴雨天气，就会降低水稻的抗病性，容易发生稻瘟病。

四、作物病害的发生和流行

（一）病害循环

病害循环是指病原物从侵染作物到发病的一个过程。主要经过病害的侵入、扩展和发病，就完成了一个病害循环。

1. 病害侵入期

（1）病害侵入的条件　病原想要侵入寄主必须具备一定的条件，需要一定的传播途径，如气流、昆虫介体等，同时还需要合适的环境条件。

湿度：真菌就要合适的温湿度，细菌需要水滴。例如，稻瘟病在雨水多的季节发病较重，而小麦白粉病在饱和湿度的情况下比在水滴中萌发的概率要高出许多，所以小麦白粉病往往在其他病害发生较轻的时候发生较重。

温度：每种病原物都有适宜侵染的温度。例如，小麦条锈病的夏孢子适宜在 10 ～ 12℃相对较低的温度下萌发，而稻瘟病则适宜在 25 ～ 28℃相对较高的温度下萌发。

土壤：土壤中的空气和养分往往也会影响发病。例如，小麦腥黑穗病菌在其他条件都适宜，但是土中缺氧的情况下也不能萌发；土壤中氮元素过多，降低水稻表皮的硅质化程度，则有利于稻瘟病发病。

传播介体：天气干旱不利于细菌和真菌的发生，却有利于介体昆虫的活动，因此病毒病发生会比较严重。

（2）病害侵入的方式　病害的侵入有两种方式，一种是通过伤口或自然孔口，另一种是直接侵入，第一种侵入方式比较多。

细菌主要通过伤口和自然孔口侵入；真菌也是通过伤口和自然孔口侵入，部分真菌必须通过伤口侵入，也有一些真菌是直接侵入的，通过长出具有很大压力的侵染丝，通过压力直接穿透作物；病毒必须通过微伤口才能侵入，多数是以昆虫作为介体进行传播，也有通过线虫、螨类等为介体的。

2. 病害的扩展

（1）病害的扩展　真菌侵入作物后，通过菌丝体进行扩展，利用营养器官来吸取水分和养分。真菌的寄生方式有3种：一是活体寄生，即不杀死寄主，直接吸取营养，如黑粉病和白粉病；二是半活体寄生，即侵入活体组织吸取营养，寄主死后还能吸取营养，如叶斑病；三是死体寄生，即杀死寄主再侵入，靠腐生生活，如玉米小斑病菌。

细菌侵入作物后，在细胞间繁殖，从细胞可溶物质中吸取营养，寄主死亡后，在细胞中繁殖蔓延。病毒侵入作物后，在细胞中增殖。

根据作物扩展情况可以分为局部侵染和系统侵染。局部侵染就是病原物侵染后只局限于局部，称为局部性病害，多数病害属于局部侵染，对于作物有一定的影响。系统侵染就是病原物侵染后扩散到整株，称为系统性病害，如棉花黄萎病、花叶病毒病。也有一些病害，侵染整个作物，但只在局部发病，如小麦散黑穗病。

（2）寄主的抗扩展　病原物侵入寄主后，寄主也会产生一系列反映来阻止病原物的扩展。一是形成木栓化组织、胶质层等。例如，甜菜叶片被褐斑菌侵入后形成枯斑，在其周围形成一圈木栓化组织，防止褐斑菌的扩展。二是产生单宁、酚类等特殊的化学物质，影响病原物的扩展。例如，稻瘟病菌侵入水稻后会产生毒素，水稻可以产生叶绿原酸和阿魏酸来中和毒素。有些寄主特别敏感，被病原菌侵入后，局部细胞死亡，使病原物不能继续扩展。

（3）影响病原物扩展的因素　影响病原物扩展最大的外界因素为温度。病原物侵入寄主后，如果温度不适宜，病原物可以潜伏在寄主体内，等温度适宜再发病；有的作物已经发病，但温度不适宜时，可以不表现出症状，等温度适宜后再次发病；有些病毒侵染寄主但并不发病，称为带毒现象，如马铃薯病毒病。

3. 发病期

病原物扩展之后开始发病，此时作物会生产小的病斑，之后逐渐扩大，随后真菌会产生大量的无性孢子或子实体，细菌会产生菌脓，而病毒只在体内增殖。

湿度会对病斑扩大和形成孢子产生很大的影响。例如，马铃薯晚疫病的病斑在湿度大时会产生霉状物，遇到干旱时病斑不再扩大。稻瘟病在湿度大的时候会形成急性型病斑并产生大量孢子，天气转晴后变为慢性病斑，较少产生孢子，光照特别强的时候形成白点型病斑，不产生孢子；大水大肥会形成急性型病斑，产生大量孢子，缺水缺肥时形成白点型病斑，不产生孢子。

（二）病原物的侵染和传播

1. 病原物的侵染

病原物的侵染分为初侵染和再侵染。病原物第一次侵染寄主称为初侵染，初侵染产生的繁殖体侵染其他寄主称为再侵染。根据再侵染次数的多少可以分为3种类型，一是病害在一个生长季节可以进行多次侵染，如稻瘟病；二是病害再次侵染次数较少，如小麦全蚀病；三是病害没有再侵染，如玉米丝黑穗病。

2. 病原物的传播

病原物的传播可以分为主动传播和被动传播，主动传播的较少且传播距离有限，主要传播途径还是被动传播。

（1）气流传播 多数真菌产生的孢子能够随气流传播，距离广、面积大，如小麦锈病的夏孢子。

（2）雨水传播 多数细菌的菌脓和少量真菌的孢子堆可以因为雨水的冲刷而扩散。如水稻白叶枯病在暴风雨后急速扩展。还可以通过地表流水传播病原物。

（3）生物传播 病毒主要是通过介体昆虫进行传播的，还能给作物造成伤口，有利于真菌和细菌的侵染。线虫可以传播病菌，线虫和菟丝子也能传播病毒。

（4）人为传播 很多病害都是通过人类的活动进行传播的，如种苗的调运、田间管理、耕作机械跨区域作业、带菌的工具等。大豆根结线虫就是通过耕作而传播的，马铃薯环腐病是通过刀具进行传播的。

（三）病原物的越冬或越夏

当寄主作物收获后，有一些病原物可以转移到其他作物上寄生，如小麦赤霉菌可以转移到玉米上。但是当田间其他作物都完成生长后被收获，病原菌总有一段时间是没有作物可以寄生的时候，这个时候病原物就会越冬或越夏。

1. 越冬越夏的方式

病原物可以通过寄生、腐生和休眠进行越冬或越夏，但专性寄生菌不能腐生。病毒、细菌和线虫越冬的方式比较简单，而真菌可以以多种形式进行越冬或越夏，一种是通过菌核越冬，如水稻纹枯病；一种是通过各种孢子越冬；还有一种是通过各种子实体越冬。

2. 越冬越夏的场所

（1）种子和无性繁殖器官　在这些场所越冬的病原菌可以作为下次发病的初侵染源。有的病原物在种子表面越冬，如小麦腥黑穗病；有的在种子内部越冬，如水稻白叶枯病；有的内外皆可。有的在块根中越冬，如甘薯线虫；有的在块茎中越冬，如马铃薯病毒。

（2）田间寄主植物　有些病原物必须在活体上寄生，田间作物收获后可以在野生的作物上进行越冬或越夏。很多病毒可以转移到野生寄主上越冬或越夏，有一些在野生寄主地上部死亡后，转到宿根中越冬，如黄瓜花叶病毒。

（3）病株残体　在病株残体上越冬的主要是一些可以腐生的病原菌，可以在根、茎、叶等各个部位进行越冬，如稻瘟病，玉米大斑病等。

而我们可以通过深翻将田间的病株残体翻到地下深埋，当其分解腐烂后，病原物就会死亡，可以以此减少病原基数。

（4）土壤　能在土壤中越冬的病原物一种是在土壤中的病株残体上腐生或休眠，另一种是能在土壤中存活，如小麦全蚀病。

（5）粪肥　一种情况是将病株残体用来积肥而使粪肥带菌，还有一种情况是病原物经过牲畜的体内没有被杀死又排泄出来所以带菌，因此我们在使用农家肥的时候一定要进行充分的腐熟，否则会将病原菌带到田间。

（6）昆虫　一些种类的病毒可以在介体昆虫体内进行增殖，因此可以在昆虫体内进行越冬，例如，水稻矮缩病毒是在黑尾叶蝉体内进行越冬的。

还有的病原物在寒冷的冬天不能进行越冬，而是依靠温暖地区的病菌随气流传播而形成初侵染源的，如小麦秆锈病。

（四）病害的流行

1. 病害流行的概念

病害的流行就是指病害的大发生，病害想要大发生必须具备2个条件，一是病原物数量多，二是病害循环快。

如果是单循环或是少循环病害，由于循环慢，积累病原物需要很长的时间，所以在短期内不会产生病害流行，但是如果不进行控制，经过一定时间的积累也会大发生。

多循环病害循环快，如果环境条件适宜的情况下，病原物的数量可以迅速地增长起来，短期内便可以形成病害的流行，造成严重的损失。

2. 影响病害流行的因素

（1）寄主植物 如果寄主植物是感病品种，那么病原物侵染迅速、繁殖快，容易发生病害流行，而抗病品种可以很好地抑制病害的发生。有的作物的不同生长阶段的抗病性是不同的，例如，水稻在分蘖末期到抽穗前后这段时间抵抗稻瘟病的能力下降，所以这个阶段容易发生稻瘟病。如果一个地区种植抗病品种较多，那么这个地区发生病害流行的概率较小，如果种植感病品种较多，尤其是大面积种植单一感病品种，那么就可以导致病原物在短期时间内迅速繁殖和传播，造成大的流行。

（2）病原物 病原物的致病能力有所不同，有的病原物会经常发生变异，产生致病力不同的生理小种，如稻瘟病，即使有些品种本来是抗病品种，因为病原物的变异变为不抗病，也会导致病害大发生。

病原物的繁殖能力也会影响病害流行，繁殖能力强可以在短时间内形成大量的病原物，而有的繁殖能力弱，形成病原物缓慢，例如，小麦全蚀病只形成有性孢子，而不形成无性孢子，所以增长特别慢。还有繁殖的快慢，单循环的病害一年完成一个循环，多循环的如马铃薯晚疫病，适宜条件下2.5d就可以完成一个循环，所以马铃薯晚疫病容易大发生。

病原物的传播能力也很重要，病原物的繁殖体需要通过传播才能感染更多的作物，造成较大范围的流行，如果是靠气流或水流传播的病原物在暴风雨过后可以大范围传播病原物，还能通过摩擦造成伤口，有利于病害的发展，如水稻白叶枯病。传播病毒的昆虫如果数量多、活动范围广，那么病毒病发生就严重，这种病害一般是和传毒昆虫的发生情况相一致的。

（3）环境条件 作为病害三角的一角，环境条件往往起着重要的作用，其中最主要的是温度和湿度。真菌和细菌适宜在湿度大环境下发生，所以降水多的时候容易发生真菌和细菌性病害的大发生。气候干旱的时候，适宜昆虫的活动，因此通过介体昆虫传播的病毒病容易大发生。

不同的病原物适宜生长的温度有所不同，有的在低温下容易大发生，如玉米大斑病；有的在高温下容易大发生，如小麦赤霉病。如果温度条件不适宜作物的生长，使作物抗性下降，也容易发生病害的流行，例如，水稻是喜温作物，如果遇到低温就容易引起稻瘟病的流行。

（4）人为活动　随着科学技术的进步，人们的种植习惯和耕作制度都有所改变，因此也改变了病原物的生活环境，也会导致病害的流行。例如，之前小麦进行密植，可以抑制杂草的生长，不易发生丛矮病，后来实行间作套种后，有利于杂草的生长，飞虱变多，导致丛矮病逐渐达到流行的程度。水稻使用氮肥过多，容易引发稻瘟病，缺水容易造成胡麻斑病的流行。

在农业生产中，病害的流行往往是由多个因素共同作用而引起的，缺一不可。例如，小麦条锈病，如果种植的小麦是抗性品种，那么其他条件都适宜的情况下，也不会大发生；如果春季多雨，种植的为感病品种的话就容易发生流行。

3. 病害流行的变化

病害流行可以分为季节变化和年份变化

（1）季节变化　季节变化是指一个生长季的病害变化。一般单循环和少循环病原物增长缓慢，季节变化不大。多循环病害季节变化比较大，有些病害已经开始流行，但是当环境条件不适宜的情况下，病害就可能不再继续发展。例如，稻瘟病前期叶瘟如果发生严重，后期遇到低温多雨，那么穗颈瘟就要大发生，如果后期干旱，穗颈瘟就不会大发生，如果后期低温多雨，即使前期叶瘟不重，穗颈瘟也会大发生，所以穗颈瘟的流行与否主要在于气候条件，和叶瘟没有绝对的关系。

（2）年份变化　年份变化是指不同年份的病害变化。单循环和少循环的流行需要很长时间的积累，发展到一定程度后，如果条件不适宜，可以抑制其发生。多循环病害一般决定于气候条件，气候条件是每年变化较大的因素。病毒病的发生主要取决于传毒昆虫的数量和发生情况。

第三节　其他有害生物

一、鼠害

农业上的鼠害一般指鼠形动物造成的为害。害鼠对农作物的为害是连续的，只是程度上有所不同。

（一）农田害鼠的为害

害鼠不但在作物生长季节为害作物，从作物播种开始就取食播下的种子，造成作物缺苗断垄，严重影响作物的产量，在贮存期间除了取食作物，还会咬坏包装、污染粮食，还能传播病毒。

（二）我国农田害鼠的分布

我国东部地区主要是东方田鼠、中华姬鼠等；南部地区主要是大足鼠、拟家鼠和赤腹松鼠等；北部地区常见的种类为花鼠、长尾仓鼠和小毛足鼠等；西部地区主要是喜马拉雅旱獭、印度地鼠和红尾沙鼠等。有些鼠类仅生长在特定的环境中，为某些地区所特有，只有褐家鼠和小家鼠几乎遍布全国各地区。

（三）农田害鼠的生活规律

害鼠属于低等的哺乳动物，主要采取穴居的形式，害鼠都有自己生活的范围，还有不允许其他个体进入的领域。

害鼠的繁殖主要和鼠类的寿命、雌雄比例、身体状况相关，鼠类寿命一般在 1～2 年，一般 2～3 个月的就能达到性成熟，最长的需要 3 年，这与种群密度和环境条件有关。害鼠的一般出生率比较高，但是幼鼠死亡率也比较高。

害鼠的一生可以分为胚胎期、幼年期、亚成年期、成年期和老年期。幼年期一般 1～2 个月，有大约 1 个月的哺乳期，断乳后幼鼠独立生活，到了亚成年期逐渐性成熟，成年期全部成熟，繁殖后代，进入老年期各项功能逐渐退化。

许多害鼠具有蛰眠的习性，当外界环境不适宜的时候，害鼠就会开始蛰眠，表现为不食不动、代谢降低，当环境条件变好时再出蛰。主要因素为温度和食物，冬季气温较低，食物缺乏，害鼠会进入冬眠；夏季温度过高时也会进入夏眠，但时间较短。

二、寄生性种子植物

寄生性种子植物一般分为两类，即半寄生种子植物和全寄生种子植物。半寄生种子植物具有叶绿素，能够自己制造养分，但是需要从寄主中吸取水分和无机盐，如桑寄生和座寄生。全寄生种子植物没有叶绿素，不能自己制造养分，需要从寄主那里获得养分、水分及无机盐，如菟丝子和列当。在农业生产中为害农作物的种类主要是菟丝子和列当。

（一）菟丝子

菟丝子在我国分布很广，主要为害大豆、马铃薯和花生等。菟丝子无根，叶呈鳞片状、膜质，茎黄色、纤细、光滑无毛，缠绕于茎上，以吸器伸入茎内吸收营养和水分，营寄生生活。

1. 菟丝子的危害

菟丝子将幼茎缠绕于大豆的茎上，常把植株成簇地盘绕起来，受害后大豆生长停滞、生育受阻、植株矮小、颜色发黄，极易凋萎。茎上被黄色的细藤缠绕，这些丝茎将吸根伸入豆秆皮内，夺取养分和水分，最后使大豆植株变黄或枯死。田间发生后，由 1 株缠绕形成中心向四周扩展，严重的可造成大豆成片枯黄死亡，颗粒无收。

2. 生物学特性

菟丝子发芽的适宜温度在 20 ～ 30℃，土壤含水量在 15% ～ 20% 时，有利于菟丝子发芽出土，当土壤干旱板结或多雨积水都不利于发芽。发芽土层在 1 ～ 5cm，其中以 2cm 处发芽出土率最高，7cm 以下的种子根本不能发芽出土。出苗后 3 ～ 4d 即可缠绕大豆茎基部，围绕 1 ～ 2 圈，其根即枯死，约需 7d 产生锯齿状吸器。菟丝子种子没有休眠期，在土壤中可存活二三年以上。

3. 发病规律

菟丝子种子与大豆同时成熟，落入土中或混在大豆种子内越冬；落在土里的可存活几年，家畜吃了随粪便排出后仍有活力。翌年5—6月发芽，长出幼茎蔓延侵害，而且嫩茎割、拉成碎段仍能继续生长蔓延，因而扩繁很快。菟丝子每一个生长点在一昼夜之间能伸长 10cm 以上，阴雨天生长更快。所以低洼地，多雨潮湿天气，菟丝子侵害严重。菟丝子出苗率低，土壤中有大量种子积累的情况下才能发生较严重的危害，因此连作豆田易遭菟丝子侵害。

4. 传播途径

菟丝子以种子传播为主，其种子多、生命力强，一株菟丝子可开花结实多达 100 万粒的种子，藏于土中的种子 5 ～ 8 年内仍具有正常的发芽力。

远距离传播，主要随种子的调运而传播，如豆类、干果、苗木等从病发区传播至无病区。近距离传播，主要随土壤、厩肥、农具、灌溉水、人类活动等传播为害。

（二）列当

列当属是列当科最重要的一类，是全寄生性高等植物，主要分布在北温带，我国有 23 种，主要分布于西北地区，其中新疆最多。主要寄生在瓜类、豆角、番茄、马铃薯、向日葵、花生等一年生草本植物上。列当没有叶绿素和真正的根，黄色或紫褐色，贴近地面颜色较深，分枝较多，生有细毛，叶片为鳞片状，小而无柄，种子幼嫩时黄色，后熟力很强，成熟后呈深褐色，种子很小。

1. 列当的危害

作物苗期被列当寄生后，植株不能正常生长，造成植株矮小，严重的干枯死亡。作物后期被寄生，导致植株生长缓慢、萎蔫、早衰或枯死，产量降低，品质下降，严重时导致绝收。

2. 生物学特性

列当可以种子繁殖，又可以肉质茎进行繁殖。种子在自然环境中要经过两个冬季，胚才能完成后熟作用。在长期自然选择下，它们已成为适应性很强的专性寄生植物，在种子完成后熟作用以后，如果没有适当寄主根的分泌物刺激，不能萌发。在寄主根的分泌物刺激下，胚活跃起来，吸收胚乳提供的营养，以吸器接触到寄主根后，伸入根内，利用寄主的营养使自己发育和长大，逐渐形成肉质茎。

3. 传播途径

列当以种子在土壤中越冬，种子生活力极强，在土壤中可存活 10 年以上。列当种子量多，极小似粉尘，易黏附在作物的果实、种子或秸秆等农产品里进行传播，也能借风力、水流、人畜及农具传播。常混随种子进行长距离传播。

三、杂草

农田杂草是农业生态系统中的一个组成部分，生长迅速，不但与农作物争夺养分和水分，而且还是多种病虫害的中间寄主，如果防除不及时就会蔓延，影响农作物的生长。我国因遭受杂草的危害，每年损失粮食约 200 亿 kg、棉花约 2.5 亿 kg、油菜籽和花生约 2 亿 kg。长期以来，杂草就是农业生产上的重要灾害，如何防除农田杂草，一直是农业生产中的重大难题。

（一）农田杂草的危害

在农田中生存的杂草都有着较为发达的根系，有着很强的吸附水分能力，存在着与农作物争抢水肥的问题，会导致农作物减产。杂草根系生长比较快，会对农作物的小苗根系产生不利影响，杂草的疯狂生长还会与农作物争抢空间，农作物枝叶正常生长会受到一定程度的限制，从而影响正常的光合作用。一些杂草还会分泌出有害的物质，不利于农作物生长。杂草具有抗逆性，可以为病菌、害虫越冬提供场所。

（二）农田杂草的生物学特性

1. 适应能力强
杂草具有很强的适应能力，大多数杂草都具有耐涝、抗干旱、耐低温、抗践踏等特性。例如在干旱季节，杂草可以将根深入地下吸收水分，从而渡过不良的环境条件。杂草的种子活力很强，可以在土壤中十几年以上仍具有萌发的能力，经过家禽家畜的消化道之后仍然能够发芽。而且杂草在遇到不良外界条件的时候可以进行休眠，秋天的杂草种子在冬天进行休眠，到了春天，当温湿度和各项条件都适宜的情况下才会打破休眠而发芽，而且发芽的时间不一致，给除草带来了一定的困难。

2. 繁殖能力强
大多数一年生杂草都以种子繁殖，具有很高的结实率，有的杂草种子可以达到几万粒，从而保证了杂草后代的数量。很多多年生的杂草除了用种子繁殖以外，还能利用营养器官进行繁殖，当机械或人工耕作时将杂草营养器官切断从而造成萌发新株。当环境不利时，有些杂草还能提早成熟，结出种子，以繁衍后代。

3. 传播能力强

许多杂草种子或果实具备有利于传播的构造，它们能借助自身的弹力、风、水、动物、交通工具以及人畜的活动作不同距离的传播。

4. 早熟性

农田杂草种子萌发出苗时间一般比作物晚，但成熟期比作物早，同时还具有边成熟边脱落的习性，给防治带来困难。

四、螨类

植物害螨也叫作红蜘蛛，属蛛形纲蜱螨目，并不是昆虫。害螨种类繁多，我国农作物上的红蜘蛛主要是朱砂叶螨等。

（一）形态特征

害螨为刺吸式口器，头胸部同腹部融合为一体，不分节，4 对足；雌成虫虫体背面呈椭圆状，体长 0.4 ～ 0.6mm，虫体为红褐色至锈红色；雄成虫虫体背面为近三角形，与雌成虫相比稍小，体长 0.3 ～ 0.4mm，体色多变，一般为黄色、红色，有时随食物种类、食物多少、植物的不同颜色而有所差异，所以称为红蜘蛛。

（二）为害特点

在农业生产中，害螨主要为害玉米、大豆、花生、高粱等农作物，害螨主要以成虫、若虫在作物叶片背面聚集为害，拉网吐丝，将刺吸式口器深入农作物叶片取食汁液，被害叶片出现失绿的斑点或条状斑，受害严重时整株叶片干枯变为白色，影响作物的光合作用。有的造成被害部位细胞增生，使叶片上突起瘿状，或瘿球状，或叶片卷曲、皱缩，有时整个叶片枯焦，好像火烤一样。严重时叶片枯死脱落，甚至因叶片落光造成植株死亡。另外，许多害螨还传播植物病毒病害和真菌病害。

（三）生活习性

害螨可通过有性繁殖，也可孤雌生殖，繁殖能力极强，1 年可达 10 余代，多则 20 ～ 30 代。主要在叶背面为害，有吐丝结网习性。卵多产在叶背面上脉两侧及丝网上。气温 20 ～ 30℃最适宜，5d 左右即繁殖 1 代，世代重叠。1 年之中以 5—6 月及 8—9 月出现两次高峰期；秋季干旱，降水量少，繁殖快，虫口数量迅速增多、如果连续几天阴雨，虫口数量会显著下降。越冬虫口基数大，导致翌年大发生。

（四）发生规律

害螨多以卵或受精的雌成虫在树皮缝隙或土壤下越冬，等到气温上升，害螨就慢慢出土，集中于一些杂草上进行繁殖，卵常产于植物叶片底部。早期在麦田、豆类及杂草上取食，之后向玉米地迁移。红蜘蛛一般在玉米抽穗之后开始为害，发生早的年份，在玉米只生长 5～6 片叶子的时候就开始为害了，温度高的时候，繁殖能力强，在抽雄期到玉米灌浆期为害加重，此时是它们为害的繁盛期。

第二章　农作物有害生物预测预报

农作物有害生物的预测预报是指对有害生物的未来发生发展状态进行预计和推测。是预测者根据历史资料和收集的信息，运用适当的方法和技术，对有害生物未来的状态进行科学的分析、估算和推断。

第一节　农作物有害生物预报基础

一、预测原理

农作物有害生物预测主要是根据人们长期的经验和研究发现并总结出来的。

（一）惯性原理

事物的发生发展都是有其连续性的，研究以往年份农作物有害生物的发生发展，对其有了一定的了解和总结，那么根据惯性原理，过去的发生规律还会继续延续下去，为预测预报提供了依据，可以预测未来有害生物的发生发展。

（二）类推原理

很多事物的发生和发展具有类似的地方，可以根据以前发生过的其他事件来推测有害生物的发生发展，例如，根据迁飞性害虫在迁出地的发生情况来推断迁入地的发生情况，还可以通过有害生物局部发生情况来推断整体的发生情况。

（三）相关原理

事物的发展都不是独立存在的，都是与其他事物互相联系、互相影响的，有害生物的发生往往与农作物和环境条件联系紧密，可以通过找出他们之间的显著相关关系，来推测有害生物未来的发生状况。

二、测报类型

测报可以根据预测内容和预测时间的长短进行分类。

（一）按预测内容分类

1. 发生期预测

发生期预测就是预测农作物某种有害生物发生的时期，例如，某种害虫幼虫的发生时期，某种病害的流行时期，具有迁飞性的害虫迁入本地为害的时期等，根据有害生物的发生期来确定最佳防治时期。

2. 发生量预测

发生量预测就是预测有害生物发生的多少，例如，某种害虫的虫口密度是多少，病原物的数量和流行程度，是否会大发生，能否达到防治指标。

3. 为害程度预测

在发生期和发生量预测的基础上，结合当时的环境条件和作物抗性，预测农作物在受到病虫害的为害后，判断农作物受害的轻重，能够造成多少产量损失，判断通过采用何种防治方法，需要防治几次，才能有效地挽回有害生物造成的损失。

4. 发生范围预测

根据有害生物的发生期、发生数量、作物的抗性及环境条件综合分析，是否适合有害生物的繁殖和传播，从而预测有害生物发生的范围。

（二）按预测时间长短分类

1. 短期预测

短期预测一般是短时间内的预测，病害在 7d 左右，虫害在 15d 左右，短期预测的准确性比较高，所以应用特别广泛，在植保测报工作中占有重要的地位。一般是根据前一段时间的发生情况和当前的天气状况，来推断未来的几天发生时期和数量，从而确定防治方法、防治时期和防治次数。

2. 中期预测

中期预测是预测此后 30d 左右的有害生物发生情况，一般是预测下一代的发生情况，需要根据具体的病虫害种类预测，其发育时间的不同，预测时间就不同，从而提前制定下一代的防治对策。

3. 长期预测

长期预测一般在 1 个季度以上，预测时间根据不同病虫害的生殖周期而定，繁殖快、生长周期短的预测时间就短，反之时间长。

三、预测方法

1. 田间调查法

田间调查法是对当地的有害生物发生特点、气候变化和作物生长情况等进行田间调查，了解当前有害生物的发生期、发生量和为害程度，根据气候条件和有害生物发育进度，对有害生物的发展进行预测。这种方法的准确性比较高，是目前测报中最常用的。

2. 实验预测法

实验预测法是指通过实验的方法得到某些参数，例如，发育起点温度和有效积温，再结合气象数据，预测有害生物的发生期和发生量。这种方法目前操作起来相对费时费力，因此目前应用的不多。

3. 统计预测法

统计预测法是通过多年的数据积累，找到环境条件和有害生物发生情况的某种关系，然后进行数据分析，这种预测方法只统计其综合结果，比较容易实行，但是预测结果不够稳定。

4. 信息预测法

信息预测法是当前的一个热点，随着信息时代的发展，可以利用大数据通过计算机分析有害生物发生数据，再结合有害生物预测系统、决策系统等进行综合预测。还可以整合各种预测方法，形成准确率更高的预测方法。

第二节 农作物害虫的测报方法

害虫的预测预报就是要提前掌握害虫的发生期、发生量、发生范围和对农作物的为害程度。要想做好害虫的预测预报，一是要研究害虫的生物学特性，包括害虫的生长发育、变态、滞育、繁殖、习性等；二是要研究害虫和自然环境条件间的关系，通过采取适当的调查方式，进行准确的预测。

一、害虫种群的估量

（一）种群密度的调查

种群密度有绝对密度和相对密度两种。绝对密度是一定范围内的害虫的总数量，但绝对密度通常很难得到。因此，通常是抽取一定的样本，例如，每平方米的害虫数量，再计算其绝对密度。利用取样工具得到的害虫数为相对密度，也是用来计算绝对密度的。相对密度的调查方法有以下 6 种。

1. 直接观察法

抽取一定面积作为样本，直接观察获得害虫的数量，注意要观察害虫的为害部位，例如，在检查豆荚螟卵时，要检查荚毛和花萼下面，还要记录作物的生育期。

2. 拍打法

拍打法主要适用于作物苗期上具有假死性的害虫，通过拍打一定范围内的植株，使害虫受到刺激，发生假死现象而掉落在下面的接虫的白盆或白布上，再记录害虫的数量。

3. 诱捕法

诱捕法使通过引诱物质，调查引诱过来的害虫数量，如糖醋酒液引诱黏虫、稻草引诱黏虫产卵、黄板引诱蚜虫等，目前主要使用的方法有灯诱和性诱法。

灯诱法：很多害虫都具有趋光性，可以利用一定波长的光源引诱害虫，不同的昆虫对波长有不同的选择性，测报上最常用的黑光灯的波长为 365 ～ 400nm，稻飞虱还可以利用 200W 的白炽灯进行引诱。

性诱法：害虫具有趋化性，在自然界当中，雄虫可以通过雌虫释放的性信息素找到雌虫并交配产卵，利用这种习性，分析性信息素的成分和比例，通过人工进行合成，制成诱芯，来引诱雄虫，配合相应的诱捕器将雄虫捕获，通过检查引诱过来雄虫的数量可以推测其种群数量。但是当害虫的种群密度比较大的时候，田间的信息素密度比较大，分布也广，这时候捕获率降低，使结果不准确。

4. 扫网法

扫网法适用于善动的小型昆虫，如粉虱和叶蝉类的害虫，这类害虫由于活动性特别强，所以利用其他的调查方法准确性比较差，而利用扫网法省工省时，效率高。可以按照行长扫网调查相对密度，也可以百网虫作为相对密度。

5. 吸虫器法

吸虫器分为两种，一种是固定式的，一种是移动式的。固定式的用来捕捉空中飞行的害虫，仅用相对密度表示。移动式的可以进行整株吸虫和移动吸虫，通过捕捉一定行长或株数的害虫，换算绝对密度。

6. 标记回捕法

标记回捕法是捕捉一定数量的活的害虫，进行人工标记，释放回田间，这些标记的个体分布与种群中的其他个体充分混合后，再进行捕捉，根据捕捉到的被标记个体的比例，来估算这个种群的密度。此方法适用于比较大的区域，其他方法难以调查的时候。

（二）影响害虫种群数量的因素

影响害虫种群数量的因素主要分为两个方面，一是内在因素，二是外在因素。

1. 内在因素

内在因素主要是害虫的繁殖能力，生物学特性，适宜生活的温湿度，对环境的抗逆性，是否有滞育等特性，迁飞扩散能力等。

2. 外在因素

外在因素指的是外界环境条件的综合因素，往往多种因素共同作用，其中可能有一种或几种起主导作用。食物是昆虫生存的必需品，研究害虫种群数量时要调查害虫的食物种类、生长状态、抗虫性等；外界的自然条件对害虫的生存也具有重要影响，温度和降水可能会抑制或促进种群的繁殖；自然界中害虫的天敌也会控制害虫的种群，天敌数量多的时候对种群的抑制作用比较明显；人为活动也会影响害虫的密度，如耕作制度、田间管理措施和杀虫剂的应用。

在分析种群数量消长的原因时要具体问题具体分析，当害虫种群密度较低的时候，非生物因素起主要作用；当种群密度较大的时候，生物因素起主导作用。

（三）害虫的抽样调查

在调查和预测害虫的发生发展动态时，常常需要进行抽样，由于不同的害虫有不同的聚集方式，所以采用的抽样方法也不相同，因此要先对害虫种群的空间分布进行了解，然后才能采取科学合理的调查取样方法，为害虫的预测预报和防治方法提供指导。

1. 害虫种群的空间分布

（1）害虫种群的空间分布类型　随机分布、均匀分布、聚集分布、嵌纹分布和核心分布。

（2）不同分布类型检测的方法　在检测害虫的空间分布类型的时候可以采用以下 2 种方法：一是进行分层随机抽样，选择几个面积相同的当地品种、长势等均不同的作物地块，进行小区编号，在每个小区中抽取等量的样本进行记录，根据这种方式来检测害虫的空间分布。二是两级顺序抽样法，随机选择若干个田块，在每个田块中进行几次顺序抽样，从而检测害虫的空间分布，这种方法比较简单，使用比较多。

（3）判断害虫分布类型的方法　一是利用每种分布的理论数量作为基础，计算出各种分布情况下选取的样本中应该出现的害虫数量，再与实际调查中的害虫数量进行比较，找出数量最接近的，就可以判定其分布类型。二是如果只是想要简单地判定一下害虫的分布类型是聚集的还是分散的，就可以用一些与种群聚集程度相关的指数来表示空间分布，主要是判断样本的平均数和方差间的关系来进行判定。

2. 不同空间分布形成的原因

害虫种群形成不同的空间分布主要是由内部因素和外部环境两方面构成。

（1）内部因素　不同害虫的空间分布不同或是同一种害虫的不同虫态的空间分布不同，或是同一种害虫的同种虫态在不同的寄主上的空间分布不同是由于其遗传特性来决定的。例如，二化螟的卵为随机分布，而幼虫是核心分布；稻纵卷叶螟幼虫在水稻上为核心分布；褐飞虱各虫态在水稻上都是聚集分布。

一般一种虫态的分布类型是受上一种虫态生活特性的影响，卵的分布类型主要受雌虫生活方式的影响。例如，稻纵卷叶螟成虫喜欢在田边茂密的植株附近活动，所以产的卵是聚集分布的。

分布类型往往还受种群密度的影响，但种群密度比较低的时候往往是随机分布，当密度增加的时候，很可能变为聚集分布。

（2）外部环境　害虫的食物是否充足会影响其分布类型。例如，蚜虫在食物充足的时候表现为聚集分布，当食物缺乏的时候，蚜虫则变为有翅蚜进行扩散，就变成了随机分布。当外界气候条件适宜害虫生长时，虫口密度增加，可能表现为聚集分布；当环境条件恶劣，不利于害虫繁殖时，可能变为随机分布。如果在防治害虫的时候施用了杀虫剂，大大降低了害虫的数量，也有可能使害虫的分布类型从聚集分布变为随机分布。

3. 害虫空间分布的意义

（1）确定抽样方法　选择正确的抽样方法可以提高对害虫预报的准确性。害虫的空间分布不同所选择的抽样方法也不同。一般情况下，均匀分布、随机分布的分布类型可以选择五点取样法和对角线取样法；核心分布的类型选择棋盘取样法和平行跳跃取样法；嵌纹分布的类型选择"Z"形取样法。

（2）确定最适防治时期　由于害虫的不同虫态可能呈现不同的分布类型，例如，水稻二化螟的幼虫在卵为聚集分布，初孵幼虫也是聚集分布，在1龄期之后就会扩散钻蛀到水稻茎秆中为害，聚集程度下降，给防治带来了难度，因此，我们要在1龄期进行防治。

（3）了解迁飞害虫的迁飞情况　迁飞性害虫往往在外界环境条件不适宜的情况下进行迁飞，当条件不适宜生长时害虫就会改变其分布类型，在迁飞前多是聚集分布，当发现其聚集性变弱的时候或变为随机分布，可能害虫将要迁飞了。

4. 害虫的田间抽样方法

害虫的田间抽样方法关系到害虫预测预报的准确性，尤其要考虑抽样单位及大小、抽样数量和抽样方法。

（1）抽样单位　目前常用到的抽样单位主要有以下7种：

①长度单位：适用于条播作物，选取一定的长度调查再折算成每公顷虫数。

②面积单位：适用于调查地面、地下或矮生作物的害虫，尤其是当虫口密度比较低的时候。

③体积单位：适用于种子或贮粮中的害虫。例如，可以调查粮仓中一定体积粮食中的谷象数量，再折算出整个粮仓当中的数量。

④时间单位：适用于调查活动性较大的害虫，调查单位时间内经过、起飞或是捕获的害虫数量。

⑤植株或植株的某一部分：使用比较多的一种单位，一般在植株比较小的作物上调查整株作物，如果作物植株比较大，不容易进行调查，则可以调查植株的一部分。

⑥诱集物单位：适用于灯诱或性诱等方法。例如，利用性诱方式调查二化螟雄虫数量的时候可以以一个诱捕器作为单位调查。

⑦吸取器单位：用捕虫网或吸虫器的时候可以采用的单位。

（2）抽样数量　抽样的数量越大则准确性越高，但是由于人工和时间的限制，抽样数量不可能过大，因此我们根据自己的测报经验来规定抽样数量，例如，调查水稻稻纵卷叶螟时，抽样数量可以是 100 丛水稻。当虫口密度大的时候抽样数量可以少一些，虫口密度小的时候，抽样数量要适度增加。

（3）抽样方法　选择好了抽样单位和抽样数量，可以根据具体测报的目标进行选择抽样方法，主要有以下 2 种方法：

①随机抽样　随机抽样是指不受主观影响的概率抽样，并不是我们平常理解的随便抽出几个。简单的理解就是抽签的方法，将要抽取的单位进行编号，写在纸上，在看不见数字的情况下进行抽取，也可以利用计算器或是计算机来进行随机抽取。

②顺序抽样　顺序抽样是调查中最常用的抽样方法，有五点取样法、对角线取样法、棋盘式取样法、"Z"形取样法和双直线跳跃取样法。

其中五点取样法适用于密集或是成行的作物，害虫为随机分布类型；对角线取样法适用于密集或成行的作物，害虫为随机分布的类型；棋盘式取样法适用于密集或是成行的作物，害虫为随机或是核心分布的类型；"Z"形取样法适用于嵌纹分布的害虫种类；双直线跳跃取样法适用于成行的作物，害虫为核心分布的类型。

二、害虫的预测预报方法

（一）害虫发生期的预测方法

目前害虫发生期的预测是植保人员的一项主要测报任务，短期预测已经比较准确，可以很好指导防治。进行害虫发生期的预测要掌握害虫的发育进度，可以进行田间调查，要了解其休眠或滞育的特性，还要通过查找资料结合当地的气候条件，计算出在当地的历期。还要根据当年的耕作制度、药剂处理情况等进行综合分析，得出准确的判断。

1. 历期预测法

历期预测法就是通过田间调查某种害虫上一个虫态发生的始盛期（16%）、高峰期（50%）和盛末期（84%）的时间，在此基础上，结合当地下一个虫态的平均历期，就得到了下一个虫态始盛期、高峰期和盛末期的时间。这种预测方法的准确性主要取决于抽样地块和抽样方法的选择，每次调查的虫口数量最好在 20 头以上。而且需要进行多次调查，因为往往调查的时候某一虫态并不是这一虫态的发生的第一天，很可能已经到了这一虫态的发育后期，那么在此基础上加上历期可能并不准确。因此需要很大的工作量，经过多次调查提高准确性。

2. 分龄分级预测法

由于历期法需要进行多次调查，工作量比较大预测结果才能比较准确，因此可以采用分龄分级预测法，尤其是对于发育历期较长的害虫幼虫。分龄分级预测法是将各个虫态分级或是分龄，确定好其标准，然后通过查询资料并结合气象信息确定每一级或是每一龄的历期。在进行田间调查的时候，将所有采集的害虫进行分级，分别计算每个级别的百分率，当百分率分别达到始盛期、高峰期和盛末期的时候，分别加上想要预测虫态的历期，就可以得到预测虫态的始盛期、高峰期和盛末期的时间。此方法还能够预测出一个以上的下代发生高峰。同时还可以预测始见期，通过调查蛹的分级，在蛹的最后一级加上到成虫的历期，就可以预测成虫的始见期。

3. 卵巢发育分级预测法

此方法主要是针对雌成虫，根据调查雌虫各始盛期、高峰期和盛末期对应的卵巢分级标准，再加上相应的历期，可以预测下一代的发生时期。主要方法是使用灯诱或是性诱等方法进行诱蛾，将雌虫进行卵巢解剖，1～2d解剖1次，记录各级卵巢的数量，并记录雌雄比例，直至成虫期结束。可以利用此方法来预测产卵盛期和初代幼虫的盛期，以此确定防治时间。迁飞性害虫还可以根据卵巢级别来判断是否为迁入虫源，迁入虫源的卵巢都在2级以上。

4. 期距预测法

期距是指害虫和另一事物有必然的联系，两者发生的时间在一定程度上相对稳定，可以通过先发生的事件来推测后者发生的时间，期距包括历期还包括一些其他关系。期距的得出需要经过一个漫长的时间，至少需要10年以上的观察和总结。如果找到两者之间确实存在必然的联系并观察出期距，那么在使用的时候只要前者发生的时间加上期距就可以预测出害虫发生的时间。期距预测法的区域性比较强，一个地区的期距可能并不适用于其他地区，而且由于现在气候条件和人为活动的影响，期距可能会发生变动，因此在使用的时候可以结合其他方法进行。

5. 有效积温预测法

这是一种经典的生物学预测方法，害虫完成某一阶段的发育需要固定的有效积温，当知道某种害虫的发育起点温度后，根据当地往年的平均气温和近期的天气预报，计算一下从这一虫态到下一虫态完成其有效积温需要几天，就可以预测出下一虫态的发生时间了。

6. 物候预测法

所有的生物包括动物和植物的生长发育都是在外界环境中长期适应的结果，其生长发育都受自然环境的影响，所以他们之间都存在着和环境条件的关联性。物候预测法就是经过长期的观察，找出害虫的某个虫态和其他生物之间的关系。例如，预测小地老虎的发生期，就总结出了当榆树种子掉落的时候，幼虫比较多，桃花盛开的时候，就到了小地老虎成虫的高峰期的规律。根据这些长期的经验总结，当下一年进行预测预报时可以根据物候的发生情况来判断害虫的发生期。这种方法地域性比较强，一个地方的物候只能适合当地，换一个地方可能并不适合。物候预测法包括2种关系。

（1）害虫的发生与其寄主之间的物候关系 害虫的生长状况都与其寄主有着密切的关系，可以根据寄主的生育期来判断害虫的发生期。例如，越冬棉蚜卵孵化后需要取食，所以往往卵是在越冬寄主发芽之后才开始孵化的，所以可以利用寄主的发芽时间来判断棉蚜卵的孵化。

（2）害虫的发生与其他生物之间的物候关系 这些物候虽然与害虫的发生期没有直接的关系，但是在同一环境的生存，都受相同自然条件的影响，所以经过长期的适应可能会出现相应的稳定关系，即某一现象可能与害虫的某个虫态同时发生。例如，在吉林省杏花打苞的时候就是高粱蚜越冬卵孵化的时期，榆树种子成熟的时候就是有翅蚜第一次迁飞的时间。这是因为它们受制于同一种自然条件的影响，如温度和湿度。

在平时的工作中可以进行认真的观察，找出更多的物候关系，最好选择木本植物或是寄主植物，观察其发芽、开花、结果等时期附近害虫的发生情况。这种方法操作简单，适合于农户使用，主要是用来判断害虫的一个发生趋势，从而下地查虫，其预测的准确性不够稳定，所以作为植保人员想要判断害虫准确的发生期还应该结合其他方法进行。

（二）害虫发生量的预测方法

害虫的种群数量并不是简单地按个体总和来进行计算，害虫的数量往往和种群的雌雄比例、年龄结构、寄主作物的数量和外部环境条件有相应的关系，要进行综合的分析。

1. 有效虫口基数和增值率预测法

用这一代的虫口基数乘上害虫的增值率就可以得到下一代的害虫数量。

这种方法使用起来比较简单，其关键在于增殖率的准确性。增殖率需要通过多年的调查和统计才能得出可靠的平均数和标准差，当虫害迁移性比较小的时候更加准确。

2. 气候图预测法

当害虫的寄主植物足够充足时，可以保证害虫种群的食物供给，这个时候害虫的种群数量主要取决于外部的环境条件，其中最主要的是温度和湿度，当温度和湿度适合的条件下，害虫的数量会迅速增长，反之则会受到抑制。所以可利用温湿度作为横纵坐标来绘制气候图，通过图中能够看出气候条件是否适合害虫的生长从而判断害虫的数量是增加还是减少，这是一种定性预测方法。

在日常应用中，要根据当地的短期、中期、长期的天气预报情况和往年的平均气温进行对比，看趋势是否一致再进行判断。但由于天气预报往往存在偏差，所以此方法的结果准确率也不高。

3. 散点图法

散点图法和气候图预测法相类似，不过气候图预测法仅能进行定性预测，而散点图法能进行定量预测。方法也是需要选择温度和湿度的相关量作为横纵坐标，不同的是需要画出各自的平均值，就出现了4个象限，在各个象限当中标出数值，然后将相同发生程度的范围划定到一起，从而可以获得相应的量化值。

4. 经验指数预测法

经验指数预测法是分析害虫大发生的时候受哪些因素的影响，将这些因素应用到分析害虫发生量的预测当中，主要有以下4种因素：

（1）温湿度系数　害虫的数量和温湿度有很重要的关系。例如，在长江下游地区，经过预测可以得出，5月温度大于21℃，4月下旬和5月上旬降水量小于80mm，那么夏蝗就可能会大发生。

（2）气候积分指数　除了温湿度系数还要考虑不同年份之间的差异。例如，黏虫幼虫的数量与越冬代虫量和水分积分指数有关系。

（3）综合猖獗指数　将气候因素和虫口密度等进行综合分析，主要是经过多年的观察找出两者之间的关系，分析得出预测式。

（4）天敌指数　天敌指数是通过天敌对害虫的控制情况来考虑害虫的数量，主要是天敌的种类、数量和控制能力，通过多年的试验可以得出控制模型进行预测。

5. 形态指标预测法

环境条件对昆虫的影响会通过昆虫的自身表现出来，当外界条件适宜昆虫生长的时候就可以从害虫的大小、雌雄比例、体重等方面表现出来，害虫的生长情况也会影响下一代的发生数量。

（1）体重体长指标法　主要是根据害虫的体重和体长来进行预测，因为生长指标好的害虫繁殖能力也比较强，很可能产生的后代比较多，所以害虫数量会比较多。

（2）多态性指标法　有些昆虫具有多型现象，即害虫的相同性别却具有不同形态的现象。不同表现型的个体具有不同的繁殖能力，可以通过调查种群中不同表现型的比例来预测未来害虫的发生量。例如，蚜虫包括有翅蚜和无翅蚜，蚜虫在外界条件不适合生长的时候，繁殖能力就会下降，这时候无翅蚜就会变成有翅蚜进行扩散，因此可以根据有翅蚜所占的比例来判断环境条件是否适合害虫的生殖，从而预测害虫的数量。

6. 生理生态指标法

当外界环境条件不适合害虫生长时，可以通过休眠或滞育来渡过不良环境时期，如果不能及时进入休眠或滞育，种群的大部分个体很有可能不能存活，这时下一代害虫发生量就会比较少，反之发生量就会比较多。例如，三化螟第四代的转化率和滞育相关，如果第三代滞育比例高，第四代发生的就比较少，而第四代由于发育不完全，不能安全越冬，容易死亡，这时候下一代发生的虫量就会较少。

（三）迁飞性害虫的预测方法

迁飞性害虫的虫源来源于其他地区，所以迁飞性害虫的预测预报不但要预测迁入地，还要预测迁出地。因为害虫的发生期和发生量既和当地的条件有关，还和虫源地的环境条件、食物、害虫发育情况有关，其中还有迁飞过程中气候条件的影响，因此要做全面的调查和预测工作。

1. 迁出区虫情预测

要调查当地的虫情，防治后残虫量、发育程度等数据，以此再推断害虫的迁出期和迁出量，为迁入地区提供参考。

2. 迁入区虫情预测

在了解虫源地提供的相应虫情，调查本地的作物品种、生长状况和天气情况等，建立相关的统计模型，预测迁入本地的虫情。需要调查的天气情况包括温度、降水量、风力、风向等；本地作物的品种、长势及种植面积；根据预测模型进行短期或中长期的预测预报。

（四）害虫为害损失的预测方法

害虫对作物造成的损失情况往往并不只是害虫与作物的关系，还包括其他昆虫的为害、天敌的控制、气候的影响等之间非常复杂的关系。在这里只讨论寄主和害虫之间的关系，主要包括害虫的为害程度、作物产量损失和经济阈值等。

1. 直接估量法

直接估量法是以为害量或是损失量为基础进行估量，还可以分为相对标准和绝对标准。相对标准可以采用为害率来表示，如枯心率、白穗率等，主要就是受害部分和未受害部分之间的比例。绝对标准就是实际作物的受害量来表示，主要是产量损失。

2. 间接估量法

有些害虫的为害是显而易见的，而有些害虫的为害相对隐蔽，不易被发现。例如，刺吸式害虫为害难以估量造成的产量损失，这时可以找出一个与其相关的参数，再进行绝对标准的换算。

然而不同为害特点造成的损失也不同，估量方法也就不同。

钻蛀性害虫通过钻蛀植物茎秆为害，影响水分和养分的运输，造成作物倒伏甚至死亡，或造成瘪粒，严重减产。我们可以根据虫量、有虫株率等指标进行换算估量。水稻螟虫可以应用平行跳跃式抽样的方法抽取 200 丛水稻，记录调查的总数和被害数量，计算出枯心率或白穗率，一般情况下白穗率和产量损失率基本相同。

食叶类害虫主要为害植物叶片，影响作物的光合作用，使得产量下降。具体估量的时候还要根据叶片受害程度及生育期进行分析。例如，黏虫在末龄幼虫的时候具有暴食性，可以将叶片吃光，如果受害的为功能叶，那么损失更大。

刺吸式害虫除了能吸取植物的汁液，还能分泌毒素，使作物代谢紊乱，造成减产。像蚜虫、叶蝉等害虫还能够传播病毒，对作物造成的损失更大。例如，麦红吸浆虫在小麦灌浆期进行为害，造成千粒重下降，因此可以用受害的千粒重对比标准的千粒重，从而计算出产量损失；还可以以 4 头麦红吸浆虫能吃完 1 颗麦粒为基础，调查田间的全损粒，计算出损失率，估算出损失的产量。

第三节 作物病害测报的方法

一、病害流行的时间动态

病害想要达到大流行的程度需要一定的时间，因为病害刚开始的时候病原物都是很少的，随着时间的不断推移，病原物才能不断积累，外界条件适宜的情况下，才有机会达到流行的程度。

（一）病害流行的类型

根据不同病害的流行速度的不同，可以将病害流行的类型分为单年流行病害、积年流行病害和中间型流行病害。

1. 单年流行病害

单年流行病害是指在适宜的环境条件下，病原物的数量能急速增长，在一个生长季当中就能达到流行的程度，这种病害为多循环病害。在农业病害中有很多病害是属于这种类型的，如稻瘟病、玉米大斑病、玉米小斑病、马铃薯晚疫病等。单年流行病害受环境的影响比较大，由于这些病害生长周期短、发病快、繁殖能力强，如果环境条件适宜，便可以迅速发展流行起来，但如果条件不适宜，则发展缓慢，不会造成大的流行。

2. 积年流行病害

积年流行病害就是指需要病原物发展缓慢，需要经过几年的时间才能达到流行的程度。这种病害为单循环病害，如水稻恶苗病、稻曲病、小麦黑穗病等。这种病害发病很慢，刚开始为害很轻，容易被农户忽视，不进行防治，但是随着时间的积累，病原物的数量达到一定程度，就会发生流行而造成严重的损失。

3. 中间型流行病害

还有一些病害兼具两种病害的特点，介于它们之间。例如，水稻纹枯病、小麦纹枯病和玉米纹枯病，这类病害都属于土传病害。水稻纹枯病能够进行再侵染，但是传播距离比较短，一般刚开始病原物数量比较小，有积年流行病害的特点，但是如果外界环境条件比较适宜的情况下，当年就可以积累大量的病菌，如果一个地块连续种植水稻，那么第二年可能发生比较严重而成为一种常发性病害，这个时候就具有单年流行病害的趋势了，因此要引起农户的重视，及时进行防治。

（二）病害季节流行曲线

病害季节流行曲线能在一定程度上反映病害流行的概貌，不同类型的循环病害的增长情况都不相同，还与作物生长特性、环境条件和昆虫介体相关，因此季节流行曲线也是多种多样的。

1. "S" 形曲线

最常见的就是"S"形曲线，如马铃薯晚疫病、小麦白粉病等。这些病害刚开始菌量很低，随着时间的推移不断增加，达到顶点后一直保持下去，也有的时候环境条件不适宜或是作物抗性比较强，就会呈"S"形曲线的前半段。

2. 单峰曲线

这类病害主要在作物前期就达到了发病高峰，之后由于寄主抗性或是环境条件的不适宜，使病情受到抑制，逐渐下降。

3. 多峰曲线

多峰曲线受环境条件的变化影响，在一个生长季节当中可以形成两个或是更多的高峰。例如，稻瘟病在水稻的苗期、分蘖期和抽穗期分别形成 1 个高峰期，使水稻表现出苗瘟、叶瘟和穗颈瘟。

二、病害预测

病害预测是为了及时掌握病害的发生期、流行情况等，从而指导防治，保障农作物的生产安全。

（一）病害预测的步骤

（1）确定预测对象和时间　需根据实际工作需要和当地病害发生流行情况；

（2）查询相关资料　了解往年此病害发生规律及气候条件等；

（3）进行实地调查　选择预测方法，建立预测模型；

（4）分析整理数据　给出预测结果。

（二）病害流行系统的监测

病害监测是病害预测的前提。进行监测时首先要确定监测的目的是预测预报，从而指导田间防治。调查时间最好选择在病害发生刚开始发展的时期或是作物生育的关键时期，要注重调查的代表性，更好地适用于当地。

1. 病害监测的类型

（1）系统调查　系统调查主要是为了监测病害数量的变化。通过选择一定的作物面积，在监测时期内进行 5 次调查，每次选择的方法相同，从而监测出病害数量的变化。

（2）大田普查　对于当地常年发生的病害也可以进行大田普查，在病害刚开始发生的时候和发展高峰进行 2 次调查，选择田间有代表性的地块来调查发病率，决定是否需要防治，采取何种防治措施等。

2. 调查取样方法

调查取样方法主要是根据病害的空间布局进行选择。病害的空间布局有泊松分布、二项式分布、奈曼分布和负二项分布。病害的取样方法有顺序取样、典型取样、纯随机取样、分层取样、两级或多级取样等方法。

如果病害是泊松分布或二项式分布的建议采用顺序取样法，奈曼分布和负二项分布的病害建议采用分层取样法，从而取得准确的数值。

3. 菌量调查

菌量是病害流行的基础，对于多循环病害和靠初侵染源流行的病害来说菌量都是病害是否会流行的主要因素，因此菌量的调查有着重要的意义。

（1）土壤中菌量的调查方法　土壤是病原物越冬或休眠的主要场所。例如，水稻纹枯病的菌核主要存在于土壤中，大多数线虫都生活在土壤中，因此首先要调查土壤中的菌量。对于土壤中的菌核、线虫虫卵和寄生性种子植物的种子适合采用淘洗过筛法。还可以利用线虫的趋性通过诱虫器进行引诱，用黄瓜片等来引诱土壤中的真菌，从而调查菌量。

（2）介体昆虫数量的调查　介体昆虫是传播病毒病的主要途径，其中蚜虫、粉虱和叶蝉是主要的传毒昆虫，因此可以利用蚜虫、粉虱的趋性，采用黑光灯或是黄板进行引诱，通过调查介体昆虫的数量和带毒率，便可以推测出病毒病发生的程度，便于及时防治传毒昆虫，防止病毒病的传播。

（3）产孢量的测定　产孢量的测定主要是通过套管法，就是将试管套在即将产孢的叶片上，还可以通过抖动叶片的方式将孢子抖落到试管中，然后在实验室进行镜检，查看孢子数量。对于气传病害的空中孢子数量可以通过玻片法进行测定，将玻片涂上凡士林，放到农作物不同的高度，收集孢子，带到实验室进行镜检查询孢子数量。

（4）种子检验　很多病原物是附着在种子上的，可以通过检验种子来调查菌量。主要采用肉眼观察法，查看种子是否带菌核和霉病等。

4. 病害预测方法

不同的病害要根据情况采用不同的预测方法，在日常的病害预测中主要采用的是通过监测数据和气象条件，然后凭经验进行预测。

（1）物候预测法　物候是指反映气候变化的一些现象，可以根据一些物候现象来预测病害。例如，在浙江地区暖冬凉夏的时候稻瘟病发生较重；蚕豆赤斑病和小麦赤霉病由于需要的生长环境条件相似，所以两者发生程度一致；而禾缢管蚜和小麦赤霉病适宜生长的环境条件是相反的，所以发生程度也是相反的。

（2）指标法　由于病害的发生是和环境条件息息相关的，所以可以利用一些气象指标来预测病害。例如马铃薯晚疫病，在48h内气温 ≥ 10℃，湿度 ≥ 75%，那么3周就会发生马铃薯晚疫病。

（3）发育进度法　病害发生往往和寄主作物的生长发育息息相关，根据作物的发育进度来判断防治时期。例如，苹果花腐病，始花期是花腐的防治适期，盛花期是果腐的防治适期。

（4）预测圃法　通过建立预测圃，在适宜的地方种植感病品种，并给予适宜发病的条件，当预测圃中发病后，就可以对大田作物进行调查，根据调查结果来预测病害，还可以根据预测圃中的发病情况来指导大田防治。

（三）病害和产量损失的关系

预测病害、防治病害的目的都是挽回其造成的产量损失，因此了解病害和产量损失的关系也可以很好地指导病害防治。

根据不同的病害特性和为害特点，病情和产量损失的关系可以分为以下3种：

1. 敏感型

这种病害的病情和产量损失的关系是直线形的，一般这种病害为害的就是种子等需要收获的部分，而且这类病害发生在作物生育后期，如小麦赤霉病。

2. 耐病型

这类病害的病情和产量损失的关系一般是呈"S"形的，属于这种类型的病害最多，当病情发生较轻的时候对产量没有损失，只有当病情达到一定程度才会造成产量损失，当产量损失达到一定程度后又会趋于平稳。这些病害主要为害作物叶片，影响光合作用，这个时候作物个体往往会发生一定的补偿作用，如小麦条锈病。

3. 超补偿形

这种类型的主要特点是当病害发生比较轻的时候，不但不会对生产造成损失，反而会增加产量。例如，小麦叶片受害使光合作用降低，这时候作物个体会产生某种补偿作用，另外当作物受害而发育缓慢、植株矮小，就会使相邻的作物获得更多的空间和营养，从而生长更加健壮，也起到了群体补偿作用，如小麦丛矮病。

第四节　农作物草害预测方法

农田杂草由于和农作物都属于植物类，主要竞争阳光、水分、养分等，会给农作物造成严重的损失，而有些恶性杂草很难防除，现在每年的除草剂使用量已经超过了杀虫剂，成了使用总量最多的化学农药，因此预测草害有着重要的意义。

一、农田杂草的调查方法

（一）地下部杂草种子库调查方法

杂草种子一般具有很强的生命力，可以在土壤中存活几年、十几年甚至更长时间还具有发芽能力。种子能够帮助杂草渡过不良环境，也是作为下一年杂草发生的基础，因此对于地下部杂草种子库的调查对于杂草的防除起着重要作用。

1. 诱萌法

在田间采集土样，质量大于100g，经过实验室的细心培养，给其适宜的条件，使得土壤中的种子能够萌发出芽，从而鉴定杂草的种类和数量。

2. 水洗法

水洗法是将从田间取回的土壤，用水冲洗，除去杂质，分离出杂草的种子，对种子进行鉴定，从而获得杂草的种类和数量。

3. 水洗和诱萌结合法

此方法就是将水洗法得到的种子再诱使其萌发，在得到杂草的种类和数量的同时还能检测出杂草的活力。

（二）地上部杂草群落的调查方法

地上部杂草的调查要在作物收获之前，杂草已经进入了生殖生长阶段，但是种子还没有落地的时候。

1. 调查步骤

①选择有代表性的地块及数量；

②将抽取的地块划分小区；

③根据小区的面积确定调查点数量；

④对抽取的调查点进行调查。

2. 调查方法

（1）样方法　在田间调查的时候选取一个样方，统计样方中的杂草种类和数量，并记录杂草的鲜重。根据作物的种植特点可以选择不同形状的样方，一般情况下选取长方形，结果比较准确。如果是种植稀疏的作物可以选择长度比较大的长方形样方。当杂草密度比较大的时候可以选择小点的样方，当杂草密度比较小的时候，也要选择一个较大的样方。

（2）目测法　目测法省时省力、操作简单。当杂草密度比较大的时候，用目测法取得的结果比较可信，为了提高其准确性，日常调查中，可以选择 3 名植保人员进行调查，取 3 人目测结果的平均值。

（3）五点取样法　在田间选取有代表性的田块，利用五点取样法进行取样，每个点样方为 $1m^2$，根据统计换算出田间的杂草分布。

除了这些方法，还可以采用棋盘取样法、对角线取样法、"Z"形法等。

3. 调查项目

在进行田间调查的时候主要调查杂草的频度、密度、盖度、重量和草情指数。

（1）频度　频度就是某种杂草在选取的样方当中出现的频率。

（2）密度　密度是在调查样方中某种杂草的个体数量。密度适用于分布较为分散的非根茎型，不适用于调查匍匐茎杂草。

（3）盖度　盖度是指某种杂草到地面的投影面积的比例。

（4）重量　重量分为干重和鲜重，重量是评判某种杂草为害程度重要指标之一，能够体现杂草的大小和密度情况，其中干重比鲜重的准确率更高。

（5）草情指数　草情指数是在调查样方中将不同杂草按照分级标准进行分级，然后计算出草情指数，与病情指数类似。

二、农田杂草的预测预报

为了实现绿色农业和可持续发展，需要减少化学农药的使用量，而现在农户在防除杂草时使用了大量的除草剂，给农药减量带来了很大的压力，因此要进行科学有效的防治杂草，就要依赖准确的农田杂草预测预报。

（一）杂草预测预报的方法

1. 杂草发生量预测

发生量的预测主要是根据调查田间地下部土壤中杂草种子的种类和数量，预测下一年萌发的杂草数量以及为害程度。测报工作中，采取最多的方法是根据经验来进行判断，根据往年的发生情况和气象因素，主要是温湿度，预测田间杂草的发生量。

2. 杂草萌发时间预测

主要根据杂草的种类，杂草种子的活力和气象因素来预测杂草萌发的时间。其中一项重要的指标是土壤湿度，如果湿度达到了适宜杂草种子萌发的程度，那么杂草出苗的时间就根据种子在土壤中生长的天数来预测。

3. 杂草生长预测

主要是预测杂草生长的大小和高度。如果外界温度适宜，能达到杂草的起点发育温度，那么杂草的高度就和生长的时间有关。

（二）杂草预测预报中的影响因子

1. 土壤温度

在农田中，一般情况下土壤 5cm 左右处的杂草种子能够萌发出苗，因此影响种子发芽的因素主要是 5cm 左右处的温度。

2. 土壤湿度

种子萌发出芽需要吸收大量的水分，所以土壤水分起着重要的作用，主要是根据土壤类型、降水量和蒸发量来估计。

3. 杂草种子的活力

一般情况下杂草种子的活力都是很强的，能够在土壤中保存很长时间依然具有萌发的能力。种子活力比较强的在一般条件下就可能萌发，如果活力较差，可能当年不能萌发。

第五节　农田鼠害的预测方法

一、农田鼠害的调查方法

（一）系统调查

1. 调查时间

一般情况下是在作物生长季节进行调查，在南方地区，一年四季都有作物生长，所以每个月都要调查，在北方地区，一般作物生长季节在 3—10 月，因此只调查 8 个月，一般每个月的 5—10 日进行调查。

2. 调查方法

根据不同害鼠的生活习性选择不同的调查方法。在地面活动的害鼠一般采用鼠夹法；地下活动的害鼠采用有效洞调查法。

（1）鼠夹法　一般情况下都选择中号的鼠夹，在 1hm² 的范围内放置 50 个鼠夹，选择晴朗的傍晚，将鼠夹放在沟边、田埂、荒地等害鼠经常出入的地方，翌日早上收回鼠夹，记录捕鼠数量。

（2）有效洞调查法　地下活动的害鼠一般都是穴居，在害鼠出没的田块，选择 3 个样方，每个样方 1hm²。一种方法是将害鼠的洞口堵住，一天后观察被推开的洞口数量；另一种是在主要洞道位置开一个口，一天后观察被堵住洞口的数量。有害鼠活动的就是有效洞，从而测定害鼠密度。

（二）农田鼠害调查

1. 取样方法

害鼠具有在一个位置重复取食的习性，所以作物受害常常为聚集分布，但是当害鼠密度增大的时候，害鼠就会从聚集分布慢慢变为随机分布。鼠害调查时一般选择有代表性的 5 个田块，每个田块取 800 穴为宜，建议采用棋盘取样法或 "Z" 形取样法，调查结果比较准确。

2. 作物不同生育期的鼠害调查

在幼苗期之前，主要调查缺苗断垄情况，大面积的地块可以进行目测，小面积的地块可以进行棋盘式取样法，选取 10 个点，各 50 穴。作物成株期以后主要采用平行线取样法调查株害率和受害程度。

二、农田鼠害预测预报方法

对于鼠害的预测预报还属于探索阶段，主要就是发生趋势和发生程度的预测。

（一）农田鼠害发生趋势预测

农田鼠害发生趋势主要是预测优势种群发生的高峰期，建议根据往年发生情况及当年的天气情况，预测下一阶段鼠害发生情况。根据每个月调查的捕获率、怀孕率及个数，判断鼠害发生数量。根据经验得出，一般在作物播种和收获阶段鼠害发生比较严重，其他时间发生较轻。

（二）农田鼠害发生程度预测

鼠害的发生程度和很多因素相关，包括发生基数、天气情况、作物生长情况和人类防治情况，目前发生程度预测还没有很好的方法，只能是根据经验进行简单的估测。

第三章 农作物有害生物绿色防控技术

有害生物绿色防控是指在管理控制农作物病虫害时，使用对环境无害或将危害降到最低的方法对农作物进行保护，从而减少化学农药污染的一种保护行为和措施，其具体应用可分为生态调控、生物防治、物理治理、科学用药等方面。近年来，随着人们对健康问题的看重，越来越关注食品安全问题。在农作物栽培过程中，有害生物绿色防控技术的应用和推广有利于提高农产品的安全性，更好地满足现代人们的要求。因此，农作物有害生物绿色防控技术对农作物的健康生长和农业的可持续发展具有重要意义。

第一节 农业防控技术

一、选择优良品种

在选择种植品种的时候要根据种植地区的气候、土壤、地力、种植制度、产量水平和病虫害情况等，选择适宜的良种种植。

1. 气候条件

最主要的影响因素是温度，尤其是有效积温，选择品种的时候要保证该品种在当地能够完全成熟，才能有好的品质和产量。

2. 土壤和地力条件

根据土壤和地力条件来选择，在旱薄地选用抗旱耐瘠品种；在土层较厚、肥力较高的旱肥地，选用抗旱耐肥品种；在肥水条件良好的高产田，选用丰产潜力大的耐肥、抗倒品种。

3. 种植制度

如果种植密度较大，则建议选择株型紧凑的品种，可以充分利用光能，提高光合效率，有助于培育健壮的植株。

4.抗逆性

要选择抗逆性强的品种，在气候比较寒冷的地区要选择抗寒品种，风大的地方要选择抗倒伏品种，干旱的地区要选择抗旱品种，某种病虫害发生严重的地区要选择抗病虫害的品种。

除了以上4点还要注意选择经过国家正式审定，在当地开展过试验示范的品种，确保适宜在当地种植。选择适宜的品种才能培育健壮的植株，提高对病虫害的抗性，防止病虫害的发生或使其发生较轻。

二、培育无病虫种苗

选择好适合的品种，还要培育无病虫种苗，防止病虫害的传播。

三、改变耕作制度

如果一个地块长期种植同一种农作物，病虫基数的逐年积累可以使病虫害发生比较严重，因此，在农作物的种植过程中需要采用轮作、换茬和间作套种等方式，从而降低病虫害的发生程度。最好是采用水旱轮作或是发生病虫害种类不同的作物进行轮作，这样可以有效地减少病虫基数，降低病虫害发生的程度。

四、加强田间管理

加强田间的卫生管理，可以减少病虫害的基数和生存空间，减少病虫害的传播。及时清理杂草和有病虫害的植株、病叶等，并带到田外进行深埋等处理。还可以通过深耕灭茬，将病虫害翻到地底下，减少病虫害的发生。加强水肥管理，建议多施用有机肥，少用化肥，施用化肥的时候要采用测土施肥技术，科学合理施肥。例如，水稻田氮肥施用过多，就容易使稻瘟病发生严重，过少则容易引起水稻胡麻斑病的发生。

五、降低病（虫）基数

水稻田进行深水灭蛹，在完成田土翻耕后灌水（深度以淹没稻桩为度），持续时间 3 ～ 4d，可杀死越冬螟虫 60% ～ 70%。同时可以打捞菌核，减轻纹枯病、菌核病等病虫害。

第二节　免疫诱抗技术

免疫诱抗技术主要是使用免疫诱抗剂提高农作物自身的免疫力，从而使病虫害不发生或发生较轻的技术。通过解析植物免疫的相关机制，植物免疫的原理也被广泛应用于农作物的病虫害防控。植物免疫通常由外源的激发子诱导产生，根据植物的免疫诱导抗性特点，将能够激活植物免疫的激发子开发成植物免疫诱抗剂，用于植物的病虫害防治。植物免疫激发子可来源于动物、植物、微生物活体或者其代谢产物，亦可来源于植物微生物互作产生的活性分子。根据其化学性质，可将植物免疫激发子分为糖类激发子、糖肽类激发子、蛋白类激发子等。例如，常用的免疫诱抗剂氨基果糖素，可以用来拌种、浸种、浇根或喷施叶面，从而提高免疫力和抗性，促进生长和改善品质，达到高产和稳产的效果。

第三节　物理防控技术

物理防控技术主要是根据害虫的趋性、生活习性等方面通过物理的方法进行防控的技术。物理防控技术主要有以下 5 种。

一、利用昆虫性信息素技术

利用昆虫性信息素技术主要是利用害虫的趋化性。在自然界中，雄虫可以根据雌虫释放的性信息素找到雌虫从而交配产卵，根据不同害虫的性信息素的成分和配比不同，研究这些性信息素进行人工合成，制成诱芯，配套不同的诱捕器捕获引诱过来的雄虫，从而降低雌雄比例，减少雌雄交配，降低田间幼虫为害。一般每个诱捕器可控制 3 ~ 5 亩，用树枝或竹竿挂于田间，悬挂高度高于作物 1m 左右，1 ~ 2 个月更换 1 次诱芯。能有效控制虫害，同时能预测害虫的发蛾高峰，根据蛾高峰确定低龄幼虫防治适期。在性诱技术方面，重点推广智能自控高剂量信息素喷射装置，以及专一性好、持效期长的诱芯。

二、杀虫灯诱杀害虫

使用杀虫灯诱杀害虫是利用害虫的趋光性或趋热性，一般使用的是黑光灯或是白炽灯，不同的害虫对光波的长度喜好不同，可以根据具体要防治的害虫种类进行选择。例如，水稻田使用频振式杀虫灯，能有效控制二化螟、稻飞虱、稻纵卷叶螟的为害，每台灯可控制 40 ～ 60 亩。重点推广新型节能高效专用诱虫灯，具有天敌逃生孔，最大限度地避免对天敌的杀伤。

三、色板诱杀技术

色板诱杀技术是利用害虫的趋黄、趋蓝性和色板上涂上粘胶剂诱杀害虫。黄板可诱杀粉虱、蚜虫等害虫；蓝板可诱杀蓟马、种蝇等害虫。悬挂黄板或蓝板，高度略高于植株顶部，每亩挂 20 ～ 30 张，当色板粘满虫子时，可涂上机油继续使用。

色板诱杀技术可以提高病虫害防治工作的效果，重点推广新型全降解诱虫板，逐步限用乃至淘汰不可降解的塑料板。

四、食诱技术

食诱技术是利用某些昆虫的趋食性，在田间放置食诱剂，诱杀害虫成虫。自制食诱剂具有易操作、成本低、防效好等特点，可诱杀瓜实蝇、斑潜蝇、豆荚螟、夜蛾等害虫。食诱剂配方比较多，可根据害虫种类及取食偏好调整糖、醋、酒、水、药的比例，用量每亩 3 ～ 4 盘，每盘药液量 100mL 左右，每 10d 换 1 次。在食诱技术方面，重点推广实蝇蛋白诱剂、棉铃虫利它素饵剂、盲蝽植物源引诱剂、稻纵卷叶螟生物食诱剂和花香诱剂、草地贪夜蛾食诱剂等。

五、防虫网阻隔技术

在现代生态农业的发展中，防虫网阻隔技术是一种高效的物理防控技术，在降低害虫繁殖方面有很重要的作用，对环境没有污染，不仅可以大幅度减少害虫的实际数量，还能起到防风保温的作用，提高农作物的产量和质量。

现在该技术广泛应用于水稻、果树、蔬菜上的害虫防治。水稻秧田覆盖防虫网，能够有效阻隔灰飞虱传播病毒，减少秧田用药，控制病毒病的发生，尤其是在感病品种种植区，覆盖防虫网是一种简便有效的防控措施。

第四节　生物防治技术

生物防治技术是指利用一种生物对付另外一种生物的方法。大致可分为以虫治虫、以菌治虫和以菌治菌等。生物防治是利用了生物物种间的相互关系，以一种或一类生物抑制另一种或另一类生物，可降低杂草和害虫等有害生物种群密度。其最大特点是不污染环境，优于农药等非生物防治病虫害方法。

一、以虫治虫

以虫治虫是利用害虫的捕食性天敌和寄生性天敌来防治害虫，主要有利用自然界天敌和人工释放天敌来控制害虫的为害。常用的捕食性天敌有瓢虫、草蛉、食蚜蝇等，这类天敌食量较大，一生可以吃掉几个到几百个害虫，在自然界控制害虫发生的作用十分明显。寄生性天敌主要寄生在害虫体内，以其体液和内部器官为食，使害虫死亡，主要包括寄生蜂、寄生蝇等。人工释放天敌包括释放瓢虫防治蚜虫，释放赤眼蜂防治螟虫等。

二、以菌治虫

以菌治虫是一种笼统的说法，主要是利用一些能使有害生物致病的微生物，这种方式可以达到防治农作物病虫害的目的，又可以不用或少用农药。目前应用最多的杀虫细菌是苏云金杆菌，用来防治菜青虫、玉米螟、三化螟、稻纵卷叶螟等，对鳞翅目幼虫有很强的毒杀作用。杀虫真菌应用较多的是白僵菌和绿僵菌，我们常用白僵菌封垛来防治玉米螟。

三、以菌治菌

以菌治菌主要是利用微生物在代谢中产生的抗生素来防治病原物，主要有春雷霉素、阿维菌素、多抗菌素等应用在农作物病害防治中。

四、以菌治草

以菌治草是利用病原微生物防治杂草的技术。例如,用鲁保一号防治大豆菟丝子,利用炭疽病菌寄生水田杂草。

五、生物农药

生物农药技术是利用生物活体以及其代谢产物,有效达到杀灭和抑制农业有害生物目的的绿色防控技术。生物农药在农作物病虫害绿色防控中适用于玉米、小麦等各类粮食作物。常用的包括含有萜烯类、生物碱、酚类、类黄酮等有效成分的植物源农药类型。此外,常用的昆虫生长调节剂以蜕皮激素和保幼激素为主;常用的农用抗生素则包括井冈霉素、武夷菌素、阿维菌素、农抗 120、多氧霉素和中生菌素等多种类型。

除了以上这些方法,常用的生物防治方法还包括以鸟治虫、稻田养鱼、稻田养鸭、稻田养蟹等。

第四章 农药的使用

第一节 农药概述

目前我国的植保方针是"预防为主，综合防治"，优先使用物理、农业栽培耕作措施以及生物防治，通过抗虫、抗病育种，新方法、新技术的应用使它们协调起来。完全依靠农药，单独使用化学防治的做法将逐步减少，但是在综合防治体系中，使用化学农药仍占有重要地位，在消除杂草方面尤其如此，化学除草剂在全部农药中占比很高，化学防治仍然是综合防治中的主要措施，是农业上不可缺少的手段。

一、农药的内涵

用于预防、消灭或控制危害农、林业的病、虫、草和其他有害生物，以及有目的地调节植物、昆虫生长的化学合成或来源于生物、其他天然物质的一种物质或者几种物质的混合物及其制剂被称为农药。其内涵包括以下4点：

①预防、消灭或控制危害农林牧作物，农林产品和环境中的病、虫、草、鼠等有害生物的化学物质，以及有目的地调控植物的植物生长调节剂。

②提高这些药剂药效的辅助剂、增效剂。

③包括一些特异性农药，如不育剂、拒食剂、驱避剂、昆虫生长发育抑制剂、保幼激素、蜕皮激素等。

④包括来源于生物和其他天然物质的生物源农药和用天敌活体生物商品防治有害生物的生物体农药。

二、农药的重要性

目前农业生产当中依然离不开农药的应用，在病虫害暴发时，如蝗虫、黏虫、草地螟、白粉病等，只有采用化学防治方法才能够及时有效控制病虫害的发生。化学防治的适应性比较广泛，一种药剂可以防治几种或几类病虫害，效率高、成本低。当前其他防治方法还不能完全替代化学药剂。如果在农业生产上不使用化学农药，就会增加人工成本，同时产量也会降低，对粮食的单产会有影响，不利于解决粮食危机的问题；如果想要保证粮食总产量，就需要增加耕地面积，这无疑是更加困难的。因此要保证粮食安全，除了采用良种、科学管理肥水、使用先进栽培技术外，还要有效防治农作物病虫害，保证农作物的正常健康生长。

三、农药的缺点

化学农药是一种毒剂，具有很多缺点。由于农药适应性比较广泛，所以在防治病虫害的同时也会杀伤天敌昆虫和有益微生物，使有害生物失去天敌的控制作用，导致有害生物的再猖獗。化学农药使用不当还会对农作物产生药害，影响农作物的生长发育，轻者造成作物减产，严重的可导致作物死亡或绝收。如果使用农药浓度较大，会使有害生物逐渐对农药形成抗性，使药剂的药效降低，增加了防治和研发新农药的难度。有时还会造成人畜中毒，施药者没有做好防护或使用方法不当都可能造成中毒事件的发生。长期使用农药，部分农药可以通过阳光照射、土壤微生物的作用而逐步降解，但是还有一部分农药会进入河流、土壤、大气中污染环境，还会通过食物链进入人体，造成危害。

四、农药的发展方向

随着科学技术的进步，针对化学农药存在的缺点，科研人员也在积极地进行研发工作，力求研究出更安全、更高效的农药，在有效防治病虫害的同时减少其负面作用。

（一）超高效农药

超高效农药指使用很少剂量的农药就能够起到较好的防治效果。超高效农药可以降低农药对环境和生态的影响，还能延缓病虫害产生抗药性，减少人畜中毒的概率，同时能节省原料和成本。

（二）天然农药

天然农药主要指多种植物性农药、生物性农药、昆虫生长调节剂等。天然农药主要是自然中原本存在的成分，往往活性高、使用安全。微生物的代谢物常具有杀菌和杀虫活性，但是这种农药的开发和应用涉及很多基础研究，存在工厂加工、运输保管等方面的难点，很多还在试验阶段，随着研究的深入和科研难题的攻关，将来很可能应用到实际生产中。

（三）无公害农药

这类农药使用后，对农副产品及河流、土壤、大气等自然环境不会产生污染和毒化，对自然生态环境也不会造成明显影响，因此也成为一种发展趋势。

第二节　农药的分类

农药品种繁多，加上绝大部分农药品种都有多种剂型和规格，而每种农药的防治对象和防治谱均不同，容易造成混乱，为了方便认识农药从而正确使用，可根据防治对象、用途、成分、作用方式和作用机理等进行分类。

一、按农药来源及成分分类

（一）无机农药

无机农药是由天然矿物原料加工、配制而成，所以又被称为矿物性农药。有效成分都是无机的化学物质，常见的有石灰、硫黄、氟化钠、磷化铝、硫酸铜等。其特点是化学性质稳定，不容易分解失效；药效比较稳定，不易产生抗药性；作用方式单一，药效比较低；使用局限性比较大，易发生药害；因此只有少数几种无机农药被应用到农业生产当中。

（二）有机农药

有机农药是由碳、氢元素等组成的化合物，这些化合物能够通过化学合成的方法进行合成，目前常用的农药大多数都是属于有机农药。其最大特点是用途广、品种多、效果好、剂型和作用方式多种多样、使用方便、成本低、原料易得、不易发生药害；但大多数品种对人畜及其他有益生物有毒、污染环境、影响生态平衡，还容易使有害生物产生抗药性，同时还可能因大量杀伤天敌而引起有害生物再次猖獗发生，因此在具体使用过程中，我们要科学安全使用农药。其中有机农药又分为以下 4 种：

1. 植物性农药

植物性农药是利用一些植物的根、茎、叶或果实等器官处理后直接利用或利用其提取物来防治病虫害。例如，烟草、除虫菊、鱼藤等。其特点是安全、有效、经济且不易产生耐药性，植物性农药是属于相对环保的一类农药，也是农药未来发展的方向。

2. 矿物油农药

主要由矿物油类加入乳化剂或肥皂加热调制而成。例如，石油乳剂。

3. 微生物农药

指用微生物体或其代谢物所制成的农药。例如，苏云金杆菌、白僵菌等。

4. 人工合成的有机农药

这是日常用到最多的一类农药，是狭义范围内的化学农药。

二、按用途分类

1. 杀虫剂

杀虫剂是对害虫具有毒杀作用的化学物质，用来防治农作物上的害虫，很多杀虫剂还具有杀螨的作用。

2. 杀螨剂

杀螨剂是对农作物上的害螨具有毒杀作用的药剂，虽然一些杀虫剂同时具有杀螨的作用，但是对于螨卵没有效果。另外由于螨类的形态结构及生活习性独特，很多杀虫剂不仅对螨类无效，还会杀伤害螨的天敌，个别品种还会刺激螨类繁殖。

3. 杀菌剂

杀菌剂是用来杀灭或抑制病原物生长的化学物质，可以使植物及其产品免受病原物的为害或可消除病症、病状。

4. 杀线虫剂

杀线虫剂是用于防治农作物线虫的药剂。可分为熏蒸剂和非熏蒸剂。多数杀线虫剂对人畜有较高毒性，有些品种对作物有药害，故应特别注意安全使用。

5. 除草剂

除草剂是在农田当中用来防除杂草的药剂。按作用分为灭生性和选择性除草剂，主要发展高效、低毒、广谱、低用量的品种及对环境污染小的一次性处理剂。

6. 杀鼠剂

杀鼠剂是用于防治农田当中为害农作物的害鼠的药剂。根据作用特点可分为急性杀鼠剂和慢性抗凝血剂。急性杀鼠剂特点是毒性高、致死快，但害鼠一次取食量不足，不能致死，会产生拒食现象，影响灭鼠效果，而且对人畜不安全。慢性抗凝血剂作用缓慢，需连续多次取食方能致死，因药效缓慢，症状不明显，不易引起拒食，灭鼠效果好，每次给药量少，也减少了对人畜的中毒危害，这是杀鼠剂今后发展的重点方向。

7. 植物生长调节剂

植物生长调节剂是人工合成的具有和天然植物激素相似的调节作物生长发育的有机化合物。在农业生产上使用，可以有效调节作物的生长过程，达到稳产增产、改善品质、增强作物抗逆性等目的。主要种类有生长素、赤霉素、乙烯、细胞分裂素、脱落酸、水杨酸等。

三、按作用方式分类

（一）杀虫剂

1. 胃毒剂

胃毒剂是指药剂通过害虫的口器和消化道进入虫体使害虫中毒死亡的药剂。将胃毒杀虫剂制成害虫喜食的毒饵，通过被取食进入害虫的消化系统，经肠胃吸收而引起中毒死亡，主要用于防治咀嚼式口器的昆虫。在环境中，胃毒剂对害虫天敌的直接伤害作用很强，不利于维持生态平衡。常见的胃毒剂有敌百虫、灭幼脲、抑太保、昆虫病毒抑制剂和部分植物源农药。

2. 触杀剂

触杀剂能经表皮进入人畜体内，引起中毒。这类杀虫剂必须直接接触昆虫体后进入体内，使昆虫中毒死亡。大部分杀虫剂以触杀作用为主，兼具胃毒作用，适用于刺吸式或咀嚼式口器的害虫。常见的触杀剂有辛硫磷、马拉硫磷、毒死蜱、抗蚜威、溴氰菊酯、氰戊菊酯等。

3. 熏蒸剂

熏蒸剂是利用气态化合物或药剂挥发产生气体，经昆虫的呼吸系统进入体内，引起害虫死亡的药剂。一般用于在密闭空间防治病虫草害，其熏蒸效果通常与温度成正相关，温度越高，效果越好。在农业上使用较多是仓库熏蒸和土壤熏蒸，仓库熏蒸用于作物收获后的处理，而土壤熏蒸是在作物种植前的处理。

4. 内吸剂

内吸剂是指使用后可以被植物体吸收，并可传导运输到其他部位和组织，或被植物代谢产生有毒物质，使害虫取食后中毒死亡的药剂。常用的内吸剂有乐果、氧化乐果、乙酰甲胺磷。

5. 拒食剂

这类药剂可影响昆虫的味觉器官，使其厌食或拒食，最后因饥饿、失水而逐渐死亡，或因摄取营养不足而不能正常发育的药剂。主要用于防治农业害虫，使用历史长、用量大、品种多、防治效果显著。

6. 驱避剂

驱避剂是可使害虫逃离的药剂。这些药剂本身虽无毒杀害虫的作用，但由于其具有某种特殊的气味，能使害虫忌避，或能驱散害虫。有些品种的农药既有驱避作用，也有毒杀作用。单纯的驱避作用仅是一种消极的防治方法，驱避剂对环境的影响主要是造成暂时性气味污染，一般不会长期危害环境或破坏生态平衡。

7. 引诱剂

引诱剂是指使用后依靠其物理、化学作用如光、颜色、气味、微波信号可将害虫诱聚而有利于歼灭的药剂。

8. 不育剂

不育剂是指能够破坏昆虫的正常生殖功能，使害虫不能繁殖后代的药剂。

9. 生长调节剂

生长调节剂是干扰、破坏昆虫的正常生长发育，使昆虫缓慢致死的药剂。昆虫生长调节剂是一类特异性杀虫剂，在使用时不直接杀死害虫，而是在害虫个体发育时期阻碍或干扰其正常发育，使个体生活能力降低、死亡，进而使种群灭绝。包括保幼激素、抗保幼激素、蜕皮激素和几丁质合成抑制剂等，常见的有除虫脲、灭幼脲、氟虫脲等。

（二）杀菌剂

1. 保护性杀菌剂

保护性杀菌剂是保护或防御农作物不受病原菌侵染的杀菌剂。此类杀菌剂对气流传播病菌尤为有效，如用波尔多液防治多种作物的霜霉病；对植物种子或幼苗进行处理，可防治种传病害的侵染，如三唑酮拌种可防治禾谷类黑穗病；多菌灵浸蘸甘薯幼苗防治苗期病害；福美双、多菌灵土壤处理可防治多种作物的土传病害，如猝倒病和立枯病等。

2. 治疗性杀菌剂

在植物感病以后，可用一些非内吸杀菌剂，如硫黄直接杀死病菌，或用具有内渗作用的杀菌剂，可渗入植物组织内部杀死病菌，或用内吸杀菌剂直接进入植物体内，随着植物体液运输传导而起治疗作用。

3. 铲除性杀菌剂

铲除性杀菌剂对病原菌有强烈的杀伤作用，可通过直接触杀、熏蒸或渗透表皮而发挥作用。铲除性杀菌剂能引起严重的药害，常于休眠期使用。

4. 免疫性杀菌剂

免疫性杀菌剂施用后，可使植物获得抗病性，不易受病原物的侵染和为害。

（三）除草剂

1. 选择性除草剂

选择性除草剂指在一定环境条件与用量范围内，能够有效地防治杂草，而不伤害作物以及只杀某一种或某一类杂草的除草剂。农业生产中应用的除草剂大多是选择性除草剂，除草剂的选择性是相对的，超过用量范围、施用方法不当或使用时期不当，都会丧失选择性而伤害作物。

2. 非选择性除草剂（灭生性除草剂）

对植物缺乏选择性或选择性小的除草剂。它对杂草和作物均有伤害作用，如草甘膦等。非选择性除草剂可通过"时差"和"位差"选择性以及使用特殊的机械设备和保护罩、涂抹施药法等，安全地应用于农田除草。

（四）按使用方法分类

（1）土壤处理剂　直接用于土壤的药剂。

（2）种子处理剂　直接用于种子表面处理的药剂。

（3）茎叶处理剂　在作物生长期直接喷洒在作物体表的药剂。

（五）按传导性分类

（1）传导型药剂（内吸型）　施用后可通过内吸作用传导到植物的各个部位的药剂。

（2）触杀型药剂　不能在植物体内传导移动，只能进行局部渗透的药剂。

第三节　农药的作用机理及方式

一、杀虫剂

杀虫剂的种类很多，根据药剂进入虫体的途径和作用方式大体可以分为以下3种：

（一）从体壁进入

杀虫剂能够穿透昆虫体壁进入体内使昆虫中毒死亡，这种作用方式称为触杀作用。具有触杀作用的药剂称为触杀剂，如辛硫磷、溴氰菊酯等。此类药剂在加工过程中，要使用乳化剂和湿展剂等表面活性剂使药剂易在昆虫体壁上湿润与展布。乳油中的溶剂可以溶解害虫上表皮的蜡质、脂类及鞣化蛋白质，并携带药剂穿透上表皮。

（二）从口腔进入

1. 胃毒剂

药剂随食物经昆虫口器进入消化道中而引起昆虫中毒致死的作用方式，称为胃毒作用。有胃毒作用的药剂称为胃毒剂。胃毒剂中不能含有使害虫产生拒食的物质，最好能令害虫喜欢取食而且不会引起呕吐或者腹泻；药剂分子量小，溶解度高，进入体内容易被害虫吸收。

2. 内吸剂

有些杀虫剂能够被植物的根、茎、叶吸收，可在体内运转或转化成毒性更大的物质，昆虫取食带毒的茎叶而发生的中毒作用称为内吸作用，具内吸作用的药剂称为内吸剂，如克百威、氧化乐果等。内吸剂主要用于防治刺吸式口器害虫，如蚜虫、叶蝉、飞虱等，害虫吸取植物的汁液时，药剂也进入口腔、消化道，穿透肠壁到达血液。这仅是昆虫的一种取食方式，药剂仍然是由口腔进入虫体，药剂的内吸作用也归为胃毒作用中。有些杀虫剂在植物体叶片上仅能定量渗入到组织内，而不能在体内输导，这种方式称内渗作用。

（三）从气门进入

杀虫剂气化所产生的有毒气体，经昆虫的呼吸道进入体内使昆虫中毒死亡，该方式称为熏蒸作用。有熏蒸作用的药剂称为熏蒸剂，如磷化铝等。熏蒸剂在密闭的环境中施用效果比较好，温度高的时候气化程度好，还可以加入促进害虫打开气门的物质，如 CO_2、乙酸乙酯等，在田间使用要选晴朗的天气。

二、杀菌剂

（一）杀菌剂的防治原理

使用杀菌剂防治植物病害的方法有很多，防治原理主要包括以下 3 种：

1. 化学保护

化学保护就是在植物没有被病原物侵染之前喷洒杀菌剂来预防农作物病害的发生。作物表面喷上杀菌剂以后就可以对前来侵染作物的病原物细胞或孢子起毒杀作用。一是在病原物的来源处清除侵染源；二是对田间生长的未发病的作物喷施防止被侵染。

2. 化学治疗

作物发病后使用杀菌剂使其保护作物或对病原物起作用，改变病原菌的治病过程，从而达到减轻或消除病害的目的。

3. 化学免疫

化学免疫是利用化学物质使被保护作物获得对病原物的抵御能力。化学免疫物质包括诱导剂、生物诱导剂、非生物诱导剂、无毒性杀菌剂或化学免疫剂。

（二）杀菌剂的作用方式

①抑制病菌繁殖体和菌丝的生长，直接或间接阻碍病害的传播。
②抑制孢子萌发和各种子实体、附着孢的形成，导致细胞膨胀。
③影响菌体细胞呼吸，使原生质体和线粒体瓦解。

④破坏菌体细胞壁和细胞膜。

三、除草剂

（一）除草剂作用机理

1. 抑制光合作用

主要对光合作用进行抑制，使杂草无法完成正常的能量代谢，最终死亡。

2. 干扰植物的呼吸作用和能量代谢

植物的呼吸作用为光合作用传递能量，一旦没有能量来源，植物的生命活动就会停止，不少除草剂就属于呼吸作用的抑制剂。

3. 干扰植物核酸、蛋白质与脂肪的合成

蛋白质与脂肪是细胞的基础物质，当除草剂抑制其合成时，植物在形态、生长发育及代谢活动等方面都会发生变异，抑制植物生长或导致畸形，甚至死亡。

4. 干扰植物激素的作用

植物体内存在着多种激素，它们对协调植物的生长、发育、开花、结果等生命过程起着十分重要的作用。在植物的不同器官或组织中激素的含量和比例都有严格的要求，干扰植物激素类除草剂会打破天然激素的平衡，严重影响植物的生长发育。

5. 抑制植物体内酶的活性

植物体内一系列的生理生化反应均受各种酶的诱导和控制，一旦某种酶的活性受阻，必将导致其所催化的反应停止，造成与此相连的许多生理和生化过程出现异常，代谢作用紊乱。

（二）选择杀草原理

农作物与杂草同时发生，而绝大多数杂草与农作物同属于高等植物，因此就要求除草剂具备特殊选择性或采用恰当的使用方法而获得选择性，这样才能安全有效地应用于农作物。除草剂的选择性原理有以下 5 个方面。

1. 位差与时差选择性

位差选择性指一些除草剂对农作物具有较强的毒性，施药时可利用杂草与农作物在土壤中或空间位置上的差异而获得选择性；时差选择性指对农作物有较强毒性的除草剂，利用农作物与杂草发芽及出苗早晚的差异而形成的选择性。

2. 形态选择性

利用农作物与杂草的形态差异而获得的选择性称为形态选择性。植物叶的形态、叶表的结构以及生长点的位置等，直接关系到药液的附着与吸收，因此这些差异往往影响到植物的耐药性。如单子叶植物与双子叶植物在形态上彼此有很大差异，用除草剂喷雾，双子叶植物较单子叶植物对药剂敏感。

3. 生理选择性

由于植物茎叶或根系对除草剂吸收与输导的差异而产生的选择性称为生理选择性。易吸收与输导除草剂的植物对除草剂常表现敏感。

4. 生化选择性

由于除草剂在植物体内生物化学反应的差异产生的选择性称为生化选择性。这种选择性在农作物应用中安全幅度大，属于除草剂真正意义上的选择性。

5. 利用保护物质或安全剂获得选择性

一些除草剂选择性较差，可利用保护物质或安全剂获得选择性。

第四节 农药剂型

农药的原药一般不能直接使用，必须加工配制成各种类型的制剂，才能使用。通过农药剂型加工能赋予农药原药以特定的稳定的形态，便于流通和使用；将高浓度的原药稀释至对有害生物有毒，而对农作物、牲畜、鸟、鱼类以及自然环境不造成危害的程度；使一种原药加工成多种剂型及制剂，扩大使用方式和用途；将高毒农药加工成低毒剂型及其制剂，以提高施药者的安全；控制有效成分缓慢释放，并能控制持效期，减少施药次数，节约用药。农业生产上常用的农药剂型包括以下几种。

一、乳油

乳油是农药制剂的一种，它是将较高浓度的有效成分溶解在溶剂中，加乳化剂而成的液体。一般用大量水稀释成稳定的乳状液后，用喷雾器散布。目前也进行低容量喷雾以至超低量喷雾的研究。

（一）乳油的分类

乳油倒入水中能形成相对稳定的乳状液，这是乳油的重要性质之一。

1. 按乳油入水后形成的乳状液分类

（1）水包油型　一般选亲水性较强的乳化剂。

（2）油包水型　选亲油性较强的乳化剂。

二者区别在于乳化剂的选择上，常见的绝大多数乳油都属于水包油型，加水形成水包油型乳状液。

2. 按乳油入水后的物理状态分类

（1）可溶性乳油　入水后，有效成分自动分散，迅速溶于水中，溶解时间越短，则分散性越好，形成灰白色或淡蓝色云雾状分散，搅拌后呈透明胶体溶液，在这种情况下，有效成分呈分子状态在水中，乳油微粒的直径在 0.1μm 以下。这种的稳定性和对受药表面的润湿与展着性都很好。

（2）溶胶状乳油　入水后，一般呈丝状自动分散，搅拌后能形成半透明淡蓝色溶胶状乳液，外观有蛋白光，油珠大小一般在 0.1μm 以下。这种乳油通常稳定性较好。

（3）乳浊状乳油　入水后，自动乳化性较差，分散不好，搅拌后形成白色不透明乳浊状液，油珠直径在 0.1 ～ 1μm，乳化稳定性好；油珠直径在 1 ～ 10μm，乳液稳定性一般是合格的，但不如上述两种，一般在 1 ～ 2h 内不会膏化产生漂浮物和沉淀物；油珠直径在 10μm 以上，乳浊液稳定性差，在短时间内会膏化而产生漂浮物和沉淀物，这是不合格的乳油。

（二）乳油的特点

1. 优点

（1）有效成分含量高。

（2）组成简单，加工容易　工艺流程与生产过程不复杂，设备成本低。

（3）贮存稳定性较好　由于溶剂、助剂及乳化剂不与原药反应，并能很好地形成均匀乳液，使乳油的物理与化学性质都较稳定。

（4）使用方便　可用任意比例的水稀释，适应不同容量喷雾和不同使用目的的要求。

（5）药效高　由于乳化剂的使用，可起乳化、润湿和增溶 3 种作用，而使乳油的效果好。

2. 缺点

（1）安全性低　乳油中有相当量的易燃有机溶剂，使得乳油在加工、贮存时安全性较差。

（2）污染环境　由于一些溶剂是芳烃类化合物，使用后对环境产生污染，以致乳油的剂型在农药制剂中所占比例逐渐降低。

二、可湿性粉剂

可湿性粉剂是用农药原药、惰性填料和一定量的助剂，按比例经充分混合粉碎后，达到一定粉粒细度的剂型。从形状上看，与粉剂无区别，但是由于加入了湿润剂、分散剂等助剂，加到水中后能被水湿润、分散、形成悬浮液，可喷洒施用。与乳油相比，可湿性粉剂生产成本低，可用纸袋或塑料袋包装，贮运方便、安全，包装材料比较容易处理；更重要的是，可湿性粉剂不使用溶剂和乳化剂，对植物较安全，不易产生药害，对环境安全。

（一）可湿性粉剂与粉剂的区别

（1）制剂形态　二者都是可流动性粉体，但在粉粒细度上可湿性粉剂要求粒径比粉剂还要小。

（2）使用形态　可湿性粉剂要兑水喷雾。

（3）对原药的性能要求　可湿性粉剂与粉剂一样，固体、液体均可，水溶性、油溶性不限。

（4）对填料性能要求　粉剂中填料主要是起稀释作用，可湿性粉剂中有效成分含量较高，其填料主要起吸附作用，因此吸附容量要求比粉剂高。粉剂中的主要助剂是抗漂移剂、稳定剂等，可湿性粉剂中的助剂主要是润湿剂、悬浮剂、分散剂、展着剂等各表面活性剂。

（5）质量标准要求　粉剂在粉粒细度、流动性、吐粉性、稳定性上要求较严，可湿性粉剂在润湿、悬浮率上要求严。

（6）含量和药效　粉剂含量较低，可湿性粉剂含量较高，粉剂药效比可湿性粉剂差。

（二）特点

可湿性粉剂中由于加入了润湿剂、展着剂等，在作物上有较强的黏着力，耐雨水冲刷，包括贮藏、运输也方便。其性能除了润湿和展着性外，还包括分散性、流动性、低发泡性、物理化学贮藏稳定性、细度、水分、酸碱度等方面。

三、微乳剂和水乳剂

（一）微乳剂

1. 概述

微乳剂是一个自然形成的热力学稳定的均相可溶化体系。狭义的定义为由油－水－表面活性剂三元组成的透明或半透明的单相体系，是热力学稳定的膨大的胶团分散体系。广义的定义为透明或半透明稳定的分散体系，又称水性乳油、可溶化乳油。

2. 特性

微乳剂外观为透明均匀液体；液滴微细，其半径在 0.01 ～ 0.1μm；物理稳定性好，始终透明，不会出现沉淀；导电性，水包油型微乳剂的导电率在与水导电率相近或稍高，而乳油和超低容量制剂的导电率却很低。

借助乳化剂的作用，将液体或固态农药均匀分散在水中形成透明或半透明的农药微乳剂。因其液滴细化及以水为分散介质，其具有以下特点：一是闪点高，不易燃易爆，生成、贮存和运输安全；二是不用或少用有机溶剂，环境污染小，对生产者和使用者的毒性低；三是乳状液粒子比乳油小，对植物和昆虫体表有良好的渗透性，防治效果发挥优异；四是喷洒臭味较轻，对作物药害小，果树落花落果现象明显减少；五是该剂乳化剂用量大，常为油性物的 2 倍以上，所以制剂中有效成分的含量偏低。

（二）水乳剂

1. 概述

农药水乳剂也称浓乳剂，是亲油性液体原药或低熔点固体原药溶于少量不水溶的有机溶剂所得液体油珠（0.1 ～ 10μm）分散在水中的悬浮体，它与固体有效成分分散于水中的悬浮剂不同，也与用水稀释后形成乳状液的乳油不同，是乳状液的浓溶液。外观为不透明的乳状液，油珠粒径通常为0.7 ～ 20μm，比较理想的是 1.5 ～ 3.5μm。

2. 特性

与乳油相比不含或只含有少量有毒易燃的苯类等溶剂，因而可以避免生产和贮存中的燃烧和爆炸；无难闻的有毒的气味，对眼睛刺激性小，减少了对环境的污染，大大提高了在生产、贮运过程中和对使用者的安全性；以廉价水为基质，乳化剂用量2%～10%，与乳油的近似，虽然增加了一些共乳化剂、抗冻剂等助剂，有些配方在经济上已经可以与相应乳油竞争；喷洒雾滴略比乳油大，漂移减少，水乳剂药效与同剂量的乳油相当，而对恒温动物的毒性大大降低，对植物的毒性比乳油低；水乳剂无着火危险，对人、畜和植物低毒，对环境安全。

四、粉剂

粉剂是由有效成分和填料组成。有时为防止粉剂的粉粒聚结，可适当加入分散剂；为防止有效成分分解。可适当加入抗分解剂。

五、粒剂

由原药、载体和助剂加工成的粒状剂型。其优点为能够使高毒农药品种低毒化使用；可控制药剂有效成分释放速度，节约用药，延长持效期；减少对环境污染，避免杀伤天敌，减轻对作物产生药害风险，尤其是用于除草剂，较喷粉、喷雾对周围敏感作物影响小。

六、可溶性粉剂

可直接加水溶解使用的粉状农药剂型，又称为水溶性粉剂。

（一）浓悬浮剂

固体原药分散、悬浮在含有多种助剂的水介质或油介质中能流动的高浓度黏稠剂型。以水为介质的浓悬浮剂常简称为悬浮剂；而以油为介质的浓悬浮剂则常简称为油悬剂，可供飞机或超低容量喷雾用。

（二）胶体剂

加水后可将制剂溶散成为胶体状或类似胶体状悬浊液的块状、粗粉状或黏胶状农药剂型。

七、种衣剂

含有黏结剂的农药包覆在植物种子外面并形成比较牢固药层的剂型。

八、缓释剂

可以控制农药有效成分从加工品中缓慢释放的农药剂型。

九、烟剂

引燃后，有效成分以烟状分散体系悬浮于空气中的农药剂型。以农药原药、燃料、氧化剂进行袋装或罐装，有的在其上插入含有硝酸钾的牛皮纸制作而成的引火线。对害虫具有良好的触杀和胃毒作用，而且空气中的极微小的烟粒还可通过害虫的呼吸道进入体内而起致毒作用。

第五节 农药的主要品种

一、杀虫剂

（一）有机磷杀虫剂

1.有机磷杀虫剂的特点

有机磷杀虫剂的品种多、药效高、作用方式多种多样；在生物体内易于降解为无毒物；选择毒性强；持效期有长有短，从而为合理选用适当品种提供了有利条件；有机磷杀虫剂为昆虫神经系统内 AChE 抑制剂，中毒症状为异常兴奋、痉挛、麻痹、死亡。

2.有机磷杀虫剂的种类

（1）磷酸酯及膦酸酯 敌百虫具有广谱性，是一种高效低毒的杀虫剂，具胃毒和触杀作用。

（2）一硫代磷酸酯 主要品种是杀螟硫磷、丙硫磷和辛硫磷。

①杀螟硫磷为广谱性杀虫剂，具有触杀、胃毒作用，无内吸作用，但在

植物体上有很好的渗透作用，还有一定的渗透杀卵作用。对咀嚼式口器害虫和蛀食性害虫均有很好的防效。

②丙硫磷是广谱低毒有机磷杀虫剂，对鳞翅目幼虫有特效。具有触杀作用和胃毒作用，渗透性强，对水稳定，并具有低挥发性和持效期长的特点。

③辛硫磷为广谱的有机磷杀虫剂，具有强烈的触杀作用和胃毒作用。主要用于防治地下害虫，适宜用于小麦、水稻、玉米等作物的害虫，特别对蛴螬和蝼蛄有良好的效果。

（3）二硫代磷酸酯　主要品种有马拉硫磷、乐果、特丁磷等。

①马拉硫磷具有良好的触杀、胃毒作用和微弱的熏蒸作用。适用于防治水稻等作物上的咀嚼式口器和刺吸式口器害虫，属于高效低毒品种。

②乐果具有良好的触杀、内吸及胃毒作用，广谱性、高效、低毒、选择性杀虫、杀螨剂。禁止在蔬菜、瓜果、茶叶、菌类和中草药材上使用。

③特丁磷为高效、内吸、广谱性杀虫剂，用于防治玉米、水稻等作物的叶甲幼虫、根斑蝇和根花蝇类、金针虫、蚜螨、蓟马、叶蝉、螟虫等害虫。特丁磷毒性高，只能用作拌种和土壤处理。

（4）磷酰胺和硫代磷酰胺　主要品种有乙酰甲胺磷、水胺硫磷等。

①乙酰甲胺磷为内吸性广谱杀虫剂，具有胃毒、触杀作用，并可杀卵，持效期长，为缓效型杀虫剂，主要用于防治稻飞虱、叶蝉、黏虫和各种蚜虫等。禁止在蔬菜、瓜果、茶叶、菌类和中草药材上使用．

②水胺硫磷是一种广谱性有机磷杀虫、杀螨剂，具有触杀、胃毒和杀卵作用，在昆虫体内会变成毒性更大的水胺氧磷。主要用于防治水稻、小麦、的多种害虫，应避免与碱性农药混用。

（5）含苯环的有机磷　主要品种有喹硫磷、毒死蜱、三唑磷和氯唑磷等。

①喹硫磷是一种具有触杀和胃毒作用的广谱性杀虫、杀螨剂，有很好的渗透性，可以用于防治水稻等多种作物的主要害虫。

②毒死蜱为一种广谱性杀虫、杀螨剂，具有胃毒作用和触杀作用，对眼睛有轻度刺激，对皮肤有明显刺激，可用来防治稻瘿蚊、小麦黏虫、介壳虫等。禁止在蔬菜上使用。

③三唑磷是一种广谱性杀虫、杀螨剂，兼有一定的杀线虫作用，适用于防治水稻螟虫、小麦上的蚜虫，混入土壤，可防治地老虎和其他夜蛾科幼虫。

④氯唑磷是杀虫剂和杀线虫剂，具有触杀、胃毒和内吸作用，主要用于玉米、水稻上防治椿象、叶甲、稻瘿蚊、线虫、种蝇等。土壤处理，可防治水稻害虫，对烟草和马铃薯易产生药害，不宜使用。

⑤亚胺硫磷为广谱、非内吸杀虫剂，对刺吸式口器和咀嚼式口器害虫均有效，适用于防治水稻等多种作物上的害虫和螨类。二嗪为广谱性杀虫、杀螨剂，有触杀、胃毒和熏蒸作用，也具有一定的内吸效能。

（二）氨基甲酸酯类杀虫剂

1. 氨基甲酸酯类杀虫剂的特点

①分子结构与毒性相关。具有内吸性，可防治刺吸式害虫和线虫，对蚧螨类无效；苯环上连接氯原子的化合物对叶蝉、飞虱、蚜虫及鳞翅目初龄幼虫有速效，但残效短，氯原子接在苯环上间位和邻位的比接在对位的毒性强。

②防治谱较窄，药效低于有机磷药剂，对蚧螨类无效；可防叶蝉、飞虱、蓟马、棉蚜、棉铃虫、玉米螟以及对有机磷类药剂产生抗性的害虫，有的具内吸作用。

③氨基甲酸酯类杀虫剂与有机磷杀虫剂混用无增效作用，除虫菊酯的增效剂对氨基甲酸酯类有增效作用。

④多数氨基甲酸酯类比有机磷杀虫剂毒性低，对鱼类安全，但对蜜蜂有较高毒性。

2. 常用的氨基甲酸酯类杀虫剂

（1）异丙威　异丙威具有较强的触杀作用，速效性强，主要防治水稻叶蝉、飞虱，可用喷粉器直接喷粉，也可用毒土法早晚有露水时撒施于禾苗上。在一般使用浓度下对作物安全，不宜与碱性农药混施；不能与除草剂敌稗同时使用或混用，易发生药害，使用这两种农药的间隔期应在10d以上；施颗粒剂时，田里要保持有浅水层。

（2）仲丁威　仲丁威杀虫作用快，有杀卵作用和内吸作用，在低温下仍有杀虫效果，对稻飞虱和黑尾叶蝉及稻椿象触杀作用强，但持效短。可与菊酯类农药混配，其防效更好，一般用量对作物无药害，对植物有渗透输导作用。在水稻上使用的前后10d，避免使用敌稗。

（3）硫双威　硫双威比灭多威低毒，持效期比灭多威长，对高粱和棉花的某些品种有轻微药害。

（4）丙硫克百威　丙硫克百威是具有触杀作用和胃毒作用的内吸杀虫剂，用于防治玉米和蔬菜上的害虫，比克百威毒性低，为中毒农药。

（三）拟除虫菊酯类杀虫剂

1. 天然除虫菊酯及其特点

除虫菊酯中含有 6 种杀虫有效成分：除虫菊素Ⅰ和Ⅱ、瓜叶除虫菊素Ⅰ和Ⅱ、茉莉除虫菊素Ⅰ和Ⅱ，总称为天然除虫菊素，以除虫菊素Ⅰ和Ⅱ含量最多，杀虫活性最高。

天然除虫菊酯是一类比较理想的杀虫剂，杀虫毒力高，杀虫谱广，对人畜安全，不污染环境。唯一缺点是持效期太短，在光照下很快氧化，药效不到 1d，不能在田间使用，只能用于室内防治卫生害虫。菊酯类研究重点是改进化学结构，克服光不稳定性，进一步提高毒力。

2. 菊酯类农药的特点

菊酯类农药具有很强的胃毒作用和触杀作用，无内吸作用和熏蒸作用；毒力高，用药量少；防治谱广，除蚧和地下害虫不能防治外，对咀嚼式、蚜螨类害虫均有效；不污染环境，无残留毒性；高效低毒，大部分品种属中毒或低毒农药。

3. 拟除虫菊酯的重要品种及应用

（1）氯菊酯　氯菊酯具有广谱性，触杀作用很强，也有胃毒作用，可防治各种农作物、蔬菜等 100 多种害虫，钻蛀性害虫必须在其钻蛀前施药，对飞虱类、植食性螨类及蚧类效果差。

（2）氯氰菊酯和甲体氯氰菊酯　氯氰菊酯和甲体氯氰菊酯均为高效、广谱具触杀和胃毒作用的杀虫剂，主要用于棉花和蔬菜等作物上防治鳞翅目、鞘翅目和双翅目害虫，对植食性半翅目害虫也有很好的防效，对土壤害虫有较好的持久活性。

（3）氟氯氰菊酯和氯氟氰菊酯　这两种药剂均具有广谱性、触杀性活性高，对螨类效果好。用于禾谷类和蔬菜等作物上防治大多数害虫和害螨。由于这两个品种均无内吸作用，对钻蛀性害虫防效较差。

4. 菊酯类农药的毒性及中毒解救

菊酯类杀虫剂的急性毒性一般为低毒或中毒，但肟醚菊酯对鱼类和蜜蜂高毒，在养鱼水稻田及作物开花期的不能使用。菊酯类杀虫剂在环境中无残留和无慢性毒性，但中毒后无专用解毒药，对出现痉挛者可采用抗痉挛剂，对唾液分泌过多者可服用阿托品。

（四）其他类型杀虫剂

1. 沙蚕毒素类杀虫剂

从海生动物异足沙蚕中分离出这种毒物，命名为沙蚕毒素。

（1）杀螟丹　杀螟丹具有内吸、胃毒及触杀作用，有较长的持效期，对螟虫及一些鳞翅目害虫高效，杀螟丹在昆虫体内转变为沙蚕毒素，作用于昆虫中枢神经突触的 AchR，造成害虫麻痹以致死亡。

（2）杀虫双和杀虫单　杀虫双和杀虫单具有胃毒、触杀和内吸作用，对水稻螟虫、稻纵卷叶螟有特效，对许多果树及蔬菜鳞翅目害虫均有较好的防效，可采取喷雾、毒土及根区施药等方法，或采用颗粒剂根区施药法，可延长持效期。

2. 氯化烟酰类杀虫剂

（1）吡虫啉　吡虫啉是内吸作用杀虫剂，用于防治刺吸式口器害虫。

（2）吡虫清　吡虫清对同翅目（尤其是蚜虫）、缨翅目和鳞翅目对有机磷、氨基甲酸酯和拟除虫菊酯等产生抗性的害虫也有高效。

（五）熏蒸杀虫剂

1. 熏蒸及熏蒸剂

在适当气温下，利用有毒的气体、液体或固体挥发所产生的蒸气控制场所以及密闭的各种容器内毒杀害虫或病菌，称为熏蒸，用于熏蒸的药剂叫熏蒸剂。熏蒸剂挥发的有毒气体可直接通过昆虫表皮或气门进入气管，渗透到血液，使昆虫中毒死亡。

熏蒸剂是以其气体分子起作用的，因而杀虫作用最快，效果最好；使用熏蒸剂要在密闭的条件下进行，可彻底地消灭害虫或病菌；熏蒸剂主要用在粮食储存、口岸检疫消毒、大棚蔬菜用烟剂等。

2. 常用的重要熏蒸剂

（1）磷化氢　磷化氢杀虫毒力高，对仓库害虫及螨类的不同虫期有较高的毒效；渗透力强，使用剂量低；无药害，在粮仓中残留毒性低，对油料、粮食等种子发芽无影响，熏蒸过的物质不变质，无异味。重蒸油、粮作物种子时，要注意气温的影响，如果气温超过 28℃，熏蒸时间不能过长，否则影响种子发芽率；熏蒸时药剂应分散放置，以免堆放引起自燃；对人畜剧毒，放药后应立即离开，以免中毒。

（2）氯化苦　氯化苦气体比空气重，有刺激性的臭味，在极低浓度下，人眼黏膜也易感到强刺激而致催泪，故有警戒作用。氯化苦主要用于杀虫、杀菌、灭鼠，可作粮仓熏蒸剂，可防治粮仓米象、谷蛾、豌豆象、蚕豆象、赤拟谷盗等多种害虫。氯化苦属高毒杀虫剂，较少单用，一般作为警戒剂与其他熏蒸剂混用。需要注意的是氯化苦影响种子发芽，其气体比空气重，应在高处均匀施药，仓库四角适当增加药量；氯化苦熏蒸时，粮堆不能堆得很高，粮堆中还要插很多透气竹管，以利于气体扩散，熏蒸和散气时间要适当延长；温度高时，效果比较显著。

（3）硫酰氟　硫酰氟为优良熏蒸剂，渗透力强、使用温度范围广、用量小、吸附量少等特点。硫酰氟可有效地防治多种仓库害虫，如黑皮蠹、米象、赤拟谷盗、豆瓢虫、麦蛾和家蝇等的成虫、幼虫、蛹及卵。

（六）昆虫生长调节剂

1. 昆虫生长调节剂的特点

昆虫脑激素、保幼激素、蜕皮激素的类似物和几丁质合成抑制剂等，对昆虫的生长、变态、滞育等主要生理现象有重要的调控作用，这些化合物统称为昆虫生长调节剂。这类杀虫剂通过干扰昆虫的正常生长发育来减轻害虫对农作物的为害。具有选择性高，不引起抗性，对人畜和天敌安全，可保持正常的自然生态平衡，不污染环境等特点。

2. 昆虫生长调节剂的种类

（1）保幼激素类似物　主要有保幼炔、烯虫酯等。

①保幼炔可用于家蝇、蚊子、同翅目害虫、双翅目害虫的防治。

②烯虫酯主要用于防治蚊科、蚤目害虫和烟草甲虫、烟草粉斑螟等。

（2）哒嗪酮类似物　哒嗪酮可选择性抑制叶蝉和飞虱的变态，有抑制胚胎发生、促进色素合成、防止和终止若虫滞育、刺激卵巢发育产生短翅型等生理作用。

3. 具蜕皮激素活性的昆虫生长调节剂

（1）抑食肼　抑食肼对鳞翅目及某些同翅目和双翅目害虫有高效，尤其对有抗性的马铃薯甲虫防效好。

（2）虫酰肼　虫酰肼对鳞翅目害虫有特效，可用于防治甜菜夜蛾、菜青虫、豆荚螟等害虫，在虫卵孵化前或孵化时使用效果好。

4. 几丁质合成抑制剂

（1）苯甲酰基脲类　主要是抑制几丁质在昆虫体内的合成，被处理昆虫由于不能蜕皮或化蛹而死亡；对有些昆虫则干扰 DNA 合成而导致绝育。

①灭幼脲对鳞翅目幼虫有特效，可用于防治小麦、玉米、大豆上的黏虫、豆天蛾、舞毒蛾、螟虫。

②氟铃脲具有很高的杀虫、杀卵活性，而且速效，可以用于防治鞘翅目、双翅目和鳞翅目害虫。

③除虫脲具有胃毒作用和触杀作用，通过抑制昆虫的几丁质合成，而干扰角质精层的形成，除虫脲在昆虫新表皮形成期都有效，对刺吸式口器昆虫无效。可防治黏虫、玉米螟、玉米甲虫、甜菜夜蛾、斜纹夜蛾等害虫。

④氟虫脲有强的杀虫活性、杀虫谱广和作用速度快特点，有很好的叶面滞留性，尤对幼若螨和低龄幼虫的活性高，用于大豆、玉米上防治甜菜夜蛾、黏虫。

⑤氟啶脲以胃毒作用为主，兼有触杀作用。在幼虫体内抑制作用虽弱，但半衰期长。对多种鳞翅目害虫及直翅目、鞘翅目、膜翅目、双翅目等害虫有很高活性，对甜菜夜蛾、斜纹夜蛾有特效，对刺吸式口器害虫无效。

⑥杀虫隆作用缓慢，无内吸作用，有一定的触杀作用，可有效防治玉米、蔬菜和大豆上的鞘翅目、双翅目、鳞翅目和木虱科害虫，对天敌安全。

（2）噻嗪酮类 噻嗪酮是几丁质合成抑制活性主要类别，接触药剂的害虫死于蜕皮期，作用缓慢，不能杀死成虫，但能减少产卵和阻止卵孵化。对某些鞘翅目和半翅目以及蜱螨目害虫、害螨具有持久的杀幼虫活性，可有效地防治水稻上的叶蝉和飞虱、马铃薯上的叶蝉、棉花和蔬菜上的粉虱、果树的盾蚧和粉蚧、对鳞翅目幼虫无效。

二、杀菌剂

（一）无机杀菌剂

1. 铜制剂

（1）波尔多液 波尔多液的有效成分是碱式硫酸铜，主要用于葡萄霜霉病、炭疽病、绵腐病、幼苗猝倒病，对细菌引致的柑橘溃疡病、棉花角斑病也有一定防效，波尔多液常用作植物伤口保护剂。波尔多液是 $CuSO_4$ 和 CaO 在喷洒之前临时配制而成，操作不便；需要消耗大量的硫酸铜，意味着消耗大量的铜资源；使用波尔多液时，有大量的铜离子进入土壤，使土壤酸化；过量的 Cu^{2+} 对环境和植物有毒害作用；喷洒在果实上经常残留蓝绿色斑点，影响果实外观。

（2）氧氯化铜　氧氯化铜毒性低，对铜敏感的作物易引起药害，杀菌谱与波尔多液相同。氧氯化铜溶解度很低，铜离子释放较少，使用时必须加大剂量；在植物表面形成类似八面体的颗粒结晶，不易均匀覆盖全部植物，不耐雨水冲刷。

（3）氢氧化铜　氢氧化铜可均匀周密地覆盖整个叶面，形成薄薄的致密的保护层，节约用药量，耐雨水冲刷，对土壤、喷洒工具，及对铜、氯离子敏感的植物没有影响。对欧文氏杆菌、假单胞杆菌、黄单胞杆菌和土壤杆菌引起的细菌病害有防治作用；对卵菌、子囊菌、半知菌中的疫霉菌、霜霉菌、黑星菌、腔球菌、尾孢菌和驼孢锈菌有防效作用。

2. 硫制剂

（1）石硫合剂　石硫合剂的有效成分为多硫化钙，呈碱性，遇酸易分解，在空气中易被氧化，贮存时，在液面上滴少许煤油，严加密封。以多硫化钙与空气接触生成的硫起杀菌作用，对白粉菌和锈菌效果好，对霜霉菌无效。石硫合剂呈碱性，侵蚀昆虫体表蜡质层，对介壳虫和一些螨卵有较好的防治作用，若与有机磷药剂交替使用，可延缓螨类对有机磷农药抗性的产生。不同植物对石硫合剂的敏感性不同，叶组织幼嫩部分易受害，气温越高，药效越好，但药害也越重，石硫合剂对人畜低毒，但对皮肤有刺激作用。

（2）胶体硫　胶体硫是熔融的硫黄分散在浓的亚硫酸纸浆废液中制成的，适用于防治各种作物的白粉病、锈病和半知菌、子囊菌引致的叶斑病，对螨类也有一定的防治效果。

（二）有机硫杀菌剂

1. 有机硫杀菌剂的特点

有机硫杀菌剂杀菌谱广；高效低毒，对人、畜安全；不易使病菌产生抗药性；与内吸杀菌剂混合使用为其发展方向。

2. 常用的有机硫杀菌剂种类

（1）乙撑双二硫代氨基甲酸盐类——代森类　代森类的特点为性质不稳定，对植物不易产生药害，有些具有刺激生长作用，其杀菌谱较广。代森类药剂具有致癌作用，能引起动物的甲状腺肿瘤，属急性毒性。

（2）二甲基二硫代氨基甲酸盐类——福美类　主要包括福美双、福美锌等。

①福美双性质很不稳定，易吸潮，对动物的黏膜有刺激作用，是代替汞、砷制剂的良好药剂。对根部病害有较好的效果，一般用作种子处理、土壤处

理剂，防治禾谷类黑穗病，各种作物的苗期猝倒病、萎蔫病和根腐病。

②福美锌性质不稳定，易吸湿分解，对动物的黏膜有刺激作用，对植物有刺激生长的作用，主要用于防治蔬菜、果树上的炭疽病、霜霉病等，可作为保护剂喷施，7d喷1次。

（3）三氯甲硫基类　三氯甲硫基类有两个结构相似的品种：克菌丹和灭菌丹。

克菌丹和灭菌丹属多作用点药剂，对人、畜低毒，但对皮肤和黏膜有刺激作用，对作物安全，不易产生药害，可代替波尔多液防治对铜离子敏感的作物病害，并具有刺激生长作用。三氯甲硫基类是广谱性杀菌剂，无内吸作用，但有一定的渗透作用，在大田、果树、蔬菜上都可以使用，主要用来防治豆类、蔬菜的根腐病、立枯病、马铃薯晚疫病、葡萄霜霉病，对白粉病效果差；另外，还具有杀螨作用。

（4）氨基磺酸类　主要有敌锈钠、敌克松等。

①敌锈钠是内吸性杀菌剂，有内部治疗作用，喷雾防治麦类和花生的锈病，敌锈钠和胶体硫混用，可增强植物对敌锈钠的吸收，可以起到单剂所起不到的作用，除防锈病外还可兼治白粉病。

②敌克松可溶于水，对光、热、碱都不稳定，具内吸输导性，对小麦腥黑穗病、低温性水稻烂秧病有效，残效期短，可用于喷雾、土壤处理和种子处理，避光使用，最好在黄昏或阴天施用，土壤处理要及时翻耕。

（三）芳烃类、二甲酰亚胺类和其他杀菌剂

1. 芳烃类

（1）五氯硝基苯　五氯硝基苯化学性质比较稳定，残效期长，对丝核菌属引起的病害有特效。主要用于拌种和土壤消毒，经五氯硝基苯处理的土壤，对葫芦科作物有药害，处理后2～3周才能播种。

（2）百菌清　百菌清化学性质稳定，对光、热不稳定，在植株上黏着力强，残效期长，但不耐强碱，不能与石硫合剂混用。百菌清慢性且毒性强，对大白鼠的肾脏有致癌作用；对皮肤、黏膜有刺激作用，因此，使用要慎重，严格控制用量，在粮食、油料、水果、蔬菜上应当控制使用，安全间隔期21～25d。百菌清主要作为烟剂，用于防治温室或大棚的霜霉病。

2. 二甲酰亚胺类

（1）乙烯菌核利　乙烯菌核利为低毒、触杀性杀菌剂，对核盘菌属引起的菌核病和灰葡萄孢属引起的灰霉病有特效。适用于防治各种作物灰霉病、

番茄早疫病、油菜菌核白菜黑斑病，特别是对抗苯来特、托布津的灰霉菌和核盘菌更有效。

（2）速克灵　速克灵对光热稳定，常温下贮存稳定性在 2 年以上，是一种接触型保护性杀菌剂，具弱内吸性，对人畜低毒，对核盘菌和灰葡萄孢菌有特效。其最大特点是在处理作物 5 周以内可以保护作物不受侵染。适用于防治黄瓜、番茄、草莓等作物的灰霉病和油菜、莴苣的菌核病，对抗苯来特、甲基托布津的灰霉菌和核盘菌有特效。

（3）扑海因　扑海因为白色结晶，一般条件下贮存稳定，无腐蚀性，为保护性杀菌剂，除了对核盘菌和灰霉菌有特效外，对丛梗孢霉、交链孢和小菌核菌也有效。

3. 其他杀菌剂

（1）二元酸铜　二元酸铜为保护性杀菌剂，主要用于蔬菜叶面喷雾，防治细菌、真菌中的子囊菌、半知菌、轮枝菌病害，对黄瓜细菌性角斑病、白粉病、疫病，茄子、棉花黄萎病，果树腐烂病，大白菜软腐，马铃薯晚疫病，辣椒疮痂病有抑制作用，并对作物有刺激生长作用。使用时注意浓度不能过大，否则产生药害，应选晴天用药，灌根土壤不宜过湿，使用次数不能超过 4 次，安全间隔期 5 ～ 7d。

（2）硼砂　硼砂溶液浸泡果实或薯块，可以防治贮存期病害。

（3）杀枯净　杀枯净性质稳定、毒性低，可与大多数农药混用，主要用来防治水稻白叶枯病，但对水稻的某些品种在秧苗期和扬花期易产生药害，若与有机磷混用会加重药害。

（四）内吸性杀菌剂

1. 内吸性杀菌剂的特点

内吸性杀菌剂可被植物吸收输导，绝大多数内吸性杀菌剂是通过质外体从下向上输导，所以，内吸剂进行种子处理、土壤处理的效果比喷雾好。这类药剂多用来防治禾谷类病害。在正常浓度下使用对作物安全。有些内吸剂对植物具有刺激生长的作用。对藻状菌引起的病害无效。防病谱窄，有些杀菌剂是专一性的，作用点单一，很容易使病菌产生抗药性。

2. 内吸性杀菌剂种类

（1）有机磷杀菌剂包括稻瘟净、异稻瘟净、克瘟散、乙磷铝等

①稻瘟净对光热稳定，对碱不稳定，长时间处于高温下易分解，不能与碱性农药混用。主要防治稻瘟病，对水稻小粒菌核病、纹枯病、颖枯病和玉

米大斑病、小斑病也有效，并可兼治水稻上的飞虱、叶蝉。

②异稻瘟净遇碱易分解，但比稻瘟净稳定，对高等动物毒性低。用途与稻瘟净一样主要用来防治稻瘟病。

③克瘟散用途与稻瘟净和异稻瘟净相同，对稻瘟孢子触杀性能比稻瘟净和异稻瘟净好，但治疗效果不如异稻瘟净，对叶蝉也有兼治作用。

④乙磷铝通常条件下贮存不稳定，不易挥发。其是第一个双向传导的内吸性杀菌剂，进入植物体内移动迅速并能持久，防病谱广，是防治鞭毛菌病害的重要药剂，可防治果树、蔬菜、花卉等作物的霜霉病、疫病，也可作灌根、浸渍施用。

（2）羧酰替苯胺类包括萎锈灵、氧化萎锈灵等

①萎锈灵性质很不稳定，易光解，残效期短。对作物比较安全，一般浓度下使用不易产生药害，它属于内吸治疗剂，具有专化性。主要对担子菌的菌丝有抑制作用，对丝黑穗、锈病有效，对大多数半知菌病害无效，它以本身的化合物对病原菌起作用，在植物体外和植物体内效果一样。

②氧化萎锈灵与萎锈灵相比，其化学性质稳定，残效期长，在植物体外活性弱，不如萎锈灵，但在植物体内活性强，是良好的保护剂。

（3）苯并咪唑类　苯并咪唑类有明显的向顶输导性能，除喷雾外，可作种子和土壤处理，防病范围广，对葡萄孢菌、小尾孢菌、青霉菌、壳针孢菌、核盘菌、黑星菌、轮枝孢菌、丝核菌效果好。对子囊菌有选择性，即对孔出孢子和环痕孢子不敏感。对藻状菌无效，其有效杀菌结构为苯并咪唑环。

①多菌灵化学性质稳定，对高等动物低毒，对植物安全，为广谱性内吸杀菌剂，可防治水稻纹枯病、花生叶斑病、黄瓜枯萎病、玉米丝黑穗病等病害。

②苯来特不溶于水，对植物药害程度低。属于高效低毒性杀菌剂，具有保护、治疗和杀螨作用，对子囊菌的大部分真菌有效，对担子菌病害也有不同程度的效果。具有杀螨和防治线虫的作用。

③托布津化学性质比较稳定，使用后在植物体内转化为多菌灵，残效期长，对植物药害小。其是广谱内吸性杀菌剂，具有保护、治疗、杀螨作用，甲基托布津的杀螨效果优于乙基托布津。适用于防治麦类赤霉病、水稻稻瘟病、油菜菌核病、蔬菜白粉病、高粱炭疽病等，但是，对花生锈病的病原菌有刺激生长的作用。

（4）甾醇抑制剂　甾醇抑制剂有较强的向顶部传导活性和明显的熏蒸作用；杀菌谱广，除藻状菌和病毒外，对子囊菌、担子菌、半知菌都有一定的

效果；施药量非常低，药效期长；一些品种如粉锈宁、羟锈宁和丙环唑等对双子叶植物有明显的抑制作用。

①咪唑类中抑霉力适用于防治果蔬、农产品贮藏期病害。咪鲜胺低剂量对镰刀菌、白粉菌、禾谷类种传病害有特效，对半知菌、子囊菌也有效；高剂量对某些土传病害有铲除作用。

②三唑类中粉锈宁为广谱、内吸性很强的杀菌剂，具保护、治疗作用，对麦类、瓜类、苹果、豆类的白粉病、锈病有良好的防治效果，尤其对小麦叶锈、白粉、腥黑穗、丝黑穗，玉米圆斑病，高粱、玉米丝黑穗效果好。需要注意的是对出苗有一定的影响，与赤霉素混用可减轻该药对种子发芽的抑制作用。

羟锈宁是粉锈宁的还原产物，其杀菌作用与粉锈宁相同，效果比粉锈宁好。拌种可防治种子带菌，对禾谷类作物苗期土壤侵染病害也有效；喷雾对禾谷类气传病害的早期流行有特效。需要注意的是，羟锈宁对种子出苗有影响，主要影响胚芽鞘的第一片叶出土，对根生长也有一定的抑制作用，拌种要均匀。

③吗啉类中十三吗啉内吸性很强，主要防治禾谷类、马铃薯、豌豆上的白粉病，此外对丝核菌属、长蠕孢属、青霉属引起的病害有一定效果。

（5）乙酰基丙氨酸类杀菌剂　乙酰基丙氨酸类杀菌剂具双向输导性，但以向顶性传导为主，对霜霉、疫霉、腐霉等藻状菌引起的病害有特效，用作叶面喷雾、种子和土壤处理，残效期长。

甲霜安上、下传导的内吸剂，可被植物的根、茎、叶吸收，有良好的保护和治疗作用，对霜霉病引起的病害有特效。甲霜安单用易产生药害，一般只作土壤处理，叶面喷雾时要与代森锰锌混用，可与多种杀菌剂、杀虫剂混用。

（6）丁烯酰胺类　拌种灵具内吸性，兼有激素作用，对多种作物的黑穗病，棉花立枯病、炭疽病、细菌性角斑病均有效。用于拌种防治玉米、高粱的丝黑穗病，小麦腥黑穗。拌种灵与拌种双相比，易产生药害，一般使用多为拌种双，拌种要均匀，不能超过规定用量，最好借助机械拌种。

（7）其他内吸剂包括稻瘟灵、双效灵、杀毒矾等

①稻瘟灵对稻瘟病有特效，积累于叶片组织中，特别集中于穗轴和枝梗处，抑制病菌的侵入，起预防和治疗作用，大面积使用可兼治飞虱。需要注意的是不能与碱性农药混用。

②双效灵是一种混合氨基酸铜络合物杀菌剂，约含有 17 种氨基酸铜，内

吸性较强，高效低毒，杀菌谱广，对作物有刺激生长作用。适用于防治瓜类枯萎病、番茄晚疫病、蔬菜病害、玉米丝黑穗、玉米大斑病。注意不能与酸性和碱性农药混用，对铜敏感的作物用量要低。

③杀毒矾具有增效和扩大杀菌谱的作用，除了卵菌纲病害外，也能控制继发性病害。适用于防治蔬菜病害，白菜、番茄、黄瓜、茄子、辣椒的霜霉病、疫病、早疫病、晚疫病，葡萄霜霉病、马铃薯晚疫病；拌种防治谷子白发病和玉米霜霉病。

（五）抗菌素和植物性杀菌剂

1. 抗菌素

（1）抗菌素的特点　抗菌素高效、选择性强；大部分是内吸性的，有保护和治疗作用；降解速度快，不污染环境；产生抗菌素的微生物易发生变异，而导致药效不稳定；使用后易被土壤微生物和紫外线所分解，残效期短，病原菌已产生抗药性；一些农医两用的抗菌素，可能通过农产品进入人体内而导致人体病原菌产生抗药性。

（2）抗菌素品种主要有以下7种。

①春雷霉素主要防治稻瘟病，其次对某些革兰氏阳性和阴性菌以及某些真菌病害有一定的抑制作用。春雷霉素在植物体外杀菌力差，所以与体外杀菌力强的稻瘟净或克瘟散混合使用，可提高防治效果。

②稻瘟散是放线菌的代谢产物，曾多用于杀虫，防治稻瘟病，后经研究发现，还可杀螨、可作为植物生长调节剂，减轻植物病毒病害的发生程度，防止植物衰老、花果脱落，提高植物的抗寒性。对植物病毒有抑制作用，主要防治稻瘟病。

③井冈霉素对人、畜低毒，对作物安全，主要防治水稻纹枯病。耐雨水冲刷，残效期长，能与多种杀虫剂如乐果等混用无药害。适用于防治水稻纹枯病，玉米大、小斑病，蔬菜、棉花的立枯病和白绢病，方法是喷雾和拌种。

④多氧霉素是广谱性抗菌素，对小麦白粉病，黄瓜霜霉病、枯萎病，烟草赤星病，苹果早期落叶病，水稻纹枯病有特效。

⑤公主岭霉素对种子传播的黑穗病、黑粉病效果好。

⑥农用链霉素可有效地防治多种植物的细菌性病害，如白菜软腐病，黄瓜、番茄细菌性角斑病，另外还可防治黄瓜霜霉病。

⑦抗霉菌素是链霉菌产生的新变种，是一种广谱性的抑菌剂，对瓜类、小麦、花卉白粉病和小麦锈病有特效；适用于防治白粉病，锈病，大白菜黑

斑病，棉花的黄萎病、枯萎病。

2. 植物性杀菌剂

植物性农药是指利用具有生物活性的植物特定部位，经粗加工后，用于防治病虫害，或提取其有效成分加工成制剂应用的药剂。植物性杀菌剂活性物质有银杏提取液、黄连提取液、原白头翁提取液、油菜中的脂肪酸、商陆提取液等。

三、除草剂

（一）苯氧羧酸类

苯氧羧酸类不溶于水和常见有机溶剂中，为选择性输导型除草剂，作用机理为打破植物的激素平衡，使受害植物扭曲、肿胀等，最终导致死亡。主要用于水稻、玉米、小麦、苜蓿等作物田防除一年生、多年生阔叶杂草和部分莎草科杂草。

1. 主要品种

苯氧羧酸类主要品种有 2, 4–D 丁酸、2 甲 4 氯、2, 4–D 丙酸、2 甲 4 氯丙酸、2 甲 4 氯丁酸。

2. 吸收与传导

叶片吸收药液的速度和药效作用的发挥取决于多种因素，一是植物种类、形态和生化差异大，双子叶吸收与传导大于禾本科；二是叶片构造，承受药剂面积大小，特别是蜡质层厚度和角质层特性；三是施用和环境条件。

3. 影响因素和注意事项

不同品种和剂型的除草剂防除对象和杀草活性有差异；不同作物及不同品种的抗药性有差异，小麦＞玉米＞高粱＞谷子；同一作物不同生育期，抗药力有差异；施药时要看风向，并留出一定距离的保护带，中午气温高，蒸发量大，不易喷药；常与都尔、乙草胺混用；配制 2, 4–D 时，适当加入酸性物质；作业后一定要彻底清洗器械。

（二）二苯醚类

二苯醚类多数品种为触杀性除草剂，可被植物吸收，但传导性差；邻对位的品种都存在着一种光活化机制，而间位取代的品种不论在光下或暗中均能发挥活性；防除一年生杂草和种子繁殖的多年生杂草；邻位品种的作用机制是抑制叶绿素合成；此类除草剂的选择性与吸收传导、代谢速度及在植物体内的轭合程度有关。

1. 主要品种

二苯醚类主要品种有三氟羧草醚、乙氧氟草醚、氟磺胺草醚。

2. 吸收与传导

大多数品种是触杀性药剂，可被植物迅速吸收，但传导性差；土壤处理的品种由于水溶性低，在土壤中不易移动，主要防治一年生杂草幼芽；茎叶处理的品种主要起触杀作用，防治一年生阔叶杂草。

3. 影响因素及注意事项

一般会产生不同程度药害，随着作物的生长，这种症状逐渐消失，基本不影响产量。

（三）芳氧苯氧基丙酸酯类

芳氧苯氧基丙酸酯类均以茎叶处理为主，但有些传导性较差；多用以阔叶作物田，防除一年生、多年生禾本科杂草；具有同分异构体；靶标酶是乙酰辅酶 A 羧化酶；对哺乳动物毒性低，在环境中易降解。

1. 主要品种

芳氧苯氧基丙酸酯类主要品种有禾草灵、吡氟禾草灵、喹禾灵。

2. 吸收与传导

可被植物的根、茎、叶吸收，茎叶处理时对幼芽的抑制作用强；施于根部时，对芽的抑制作用小，对根的作用强；土壤处理时，通过胚芽鞘、幼芽第一节间或根进入植物体内。

3. 影响因素和注意事项

芳氧苯氧基丙酸酯类除草剂的大多数品种的药效随温度升高而提高；这类除草剂和干扰激素平衡的除草剂有拮抗作用，即混用时除草效果会下降。

（四）二硝基苯胺类

二硝基苯胺类均为选择性触杀型土壤处理剂，在播种前或播后苗前应用；杀草谱广、易于挥发和光解；土壤中持效期中等，对大多数后茬作物安全；水溶性低并易被土壤吸附，在土壤中不易移动，不易污染水源；对人畜低毒，使用安全。主要防治一年生禾本科杂草，如野燕麦、稗草、马唐等，对种子出苗的多年生禾本科杂草和一年生小粒阔叶杂草也有效。

1. 主要品种

二硝基苯胺类主要品种有氟乐灵、地乐胺、除草通。

2. 吸收与传号

主要被禾本科植物的幼芽和植物的下胚轴吸收，子叶和幼根也能吸收，但出苗后的茎叶不能吸收。

3. 影响因素和注意事项

一是整地质量；二是耙地混土；三是作物种子发芽后，在氟乐灵药层中的时越短受抑制越轻；四是施药与播种间隔时间越长对作物越安全；五是使用不当会抑制次生根形成与幼芽生长，出苗缓慢，生长停滞。

（五）三氮苯类

三氮苯类均为选择性内吸传导型除草剂；多数三氮苯类除草剂的性质稳定，因此具有较长的持效期；作用机制主要抑制植物光合作用中的电子传递；在土壤中有较强的吸附性，通常在土壤中不会过主淋溶；持效期长，有时对后茬作物产生药害；主要防治一年生禾本科杂草和阔叶杂草。

1. 主要品种

三氮苯类主要品种有莠去津、西玛津。

2. 吸收与传导

主要通过植物根系吸收，沿木质部随蒸腾流迅速向上传导，随着用药量的增加，吸收速度加快；随着时间延长，吸收速度变慢。

3. 影响因素和注意事项

一是土壤特性；二是土壤水分；三是作物种子发芽后，在氟乐灵药层中的时间越短受抑制越轻；四是施药与播种间隔时间越长对作物越安全；五是使用不当会抑制次生根形成与幼芽生长，出苗缓慢，生长停滞。

（六）取代脲类

取代脲类大多是内吸输导型除草剂；主要防治一年生禾本科和阔叶杂草幼苗，阔叶杂草对脲类除草剂更敏感，选择性差；典型的光合作用抑制剂，使杂草失去同化力，不能制造养分。

1. 主要品种

取代脲类主要品种有绿麦隆、利谷隆、敌草隆、伏草隆、莎草隆。

2. 吸收与传导

取代脲类除草剂水溶性差，在土壤中易被土壤胶粒吸附，而不易淋溶。

取代脲类除草剂随蒸腾流从根传导到叶片，并在叶片积累，此类除草剂不随同化物从叶片往外传导。

3. 影响因素和注意事项

根据土壤特性，特别是土壤湿度、有机质含量与土壤质地，确定单位面积用药量；温度与土壤含水量显著影响其活性及除草效果；适宜多种类型除草剂混用，以扩大杀草谱，减轻气候条件对活性的不良影响；取代脲类除草剂在土壤中残留期长。

（七）其他类

1. 联吡啶类

联吡啶类除草剂是触杀型的灭生性茎叶处理剂，能迅速被叶片吸收，并在非共质体向上传导，但不在韧皮部向下传导，故不能杀死杂草地下部。

2. 咪唑啉酮类

咪唑啉酮类除草剂可被植物的叶片和根系吸收，在木质部与韧皮部内传导，积累于分生组织。其作用机理是抑制乙酰乳酸合成酶，从而造成支链氨基酸、缬氨酸、异亮氨酸、亮氨酸的生物合成受阻。

3. 硫代氨基甲酸酯类

氨基甲酸酯类除草剂的氨基甲酸中的 1 个氧或 2 个氧被硫取代后，就称为硫代氨基甲酸酯类除草剂。大多数硫代氨基甲酸酯类除草剂主要是被正在萌发的幼芽吸收，根部吸收少，可在非共质体内传导。

4. 胺类

酰胺类除草剂和其中的氯乙酰胺类除草剂的基本化学结构式为酰胺、氯乙酰胺、甲草胺、乙草胺、丙草胺、丁草胺和异丙甲草胺等，氯乙酰胺类除草剂在土壤中的持效期为 1 ～ 3 个月，对下茬作物无影响。其活性大小为：乙草胺 > 异丙甲草胺 > 甲草胺。

5. 有机磷类

有机磷类除草剂特性和作用方式随品种不同而异。

草甘膦能被植物的叶片吸收，并在体内传导，作用于芳香族氨基酸合成过程中的一种重要的酶，从而抑制芳香族氨基酸的合成。草甘膦是一种非选择性茎叶处理除草剂，土壤处理无活性。对一年生和多年生杂草均有效，主要用在非耕地、果园。

莎稗磷是选择性内吸传导型土壤处理除草剂。主要被幼芽和地下茎吸收。抑制植物细胞分裂与伸长，对处于萌发期的杂草幼苗效果最好。

第六节　农药的购买

一、选择农药

在够买农药的时候首先要选择农药品种，选择恰当的农药品种才能取得良好的防治效果。

（一）根据防治对象选择农药

市面上有各种各样的农药品种，要根据田间发生或需要预防的病虫害来进行选择药剂品种，要选择对防治对象有效的药剂，还要在国家农药正式登记中有该种作物和防治对象，不能扩大使用范围。对于不能识别的防治对象，可以向当地植保部门进行咨询，确定防治对象后，再选择适合的农药品种。

（二）根据农作物和生态环境安全要求选择农药

选择对处理作物、周边作物和后茬作物安全的农药品种，优先选用生物农药和高效低毒低残留农药，选择对天敌和其他有益生物安全的农药品种，选择对生态环境安全的农药品种。

（三）根据农药相关法规进行选择

我国在农药使用上制定了相应的法规来规范农药的使用，其中包括《农药安全使用规定》《农药合理使用准则》《农药安全使用规范　总则》《中华人民共和国农业部公告》和《农药登记公告》，我们在选择和使用农药的时候需要遵守这些法规。不得选用农药法规中禁止使用的农药，以及超范围和超剂量使用。

二、购买农药

（一）购买途径

在购买农药的时候要选择正规的农资店，有营业执照和农药经营许可证，能够开具正规发票。不得向无农药经营许可证的商店、集市上的摊贩、走村串户的推销者购买农药。通过互联网购买农药的时候也要仔细查验农药经营者的农药经营许可证。注意不要购买国家禁用农药、过期农药和保存不当的农药。

（二）购买注意事项

1. 检查农药的外观性状

正常农药外观性状应该均匀稳定，出现异常情况应该拒绝购买或要求调换。可湿性粉剂应该是粗细均匀、颜色一致的疏松粉末；颗粒剂应该是大小、颜色均匀的颗粒；乳油和水剂应该是均匀一致，没有分层、没有沉淀的透明液体；悬浮剂应该是均匀、可流动的液态混合物，长期存放可能出现分层，但经过摇晃后可恢复原状。

2. 查看农药"三证"号

农药"三证"号是指农药登记证号、生产许可证和批准文件号、产品标准号，国内生产的农药"三证"号都应该齐全，进口农药只需要有农药登记证号，国内分装的进口农药应该有分装登记证号、分装批准证号和执行标准号。

3. 了解使用范围、剂量和使用方法

购买时查看农药的有效成分和含量，还要了解产品的使用范围、剂量和使用方法。包括适用作物、防治对象、使用时期、使用剂量和施药方法等，看是否适用于所要防治的对象。

4. 了解农药毒性

检查农药产品的毒性等级及其标志，看属于哪个毒性等级，尽量购买微毒或低毒农药，不购买高毒以上的农药。

5. 查看保质期和贮存方法

通过查看标签了解农药的保质期，避免购买过期产品，农药保质期有3种方式，一是生产日期（或批号）和质量保证期，二是产品批号和有效日期，三是产品批号和失效日期。还要注意农药运输和贮存条件，避免因运输和贮存不当而使农药失效。

6. 查看注意事项

除了以上几点还应该注意该农药与哪些物质不能混合使用，该农药限用的条件、作物和地区，安全间隔期是多久，一季作物最多使用的次数，施药时需要进行哪些防护，施药器械的清洗方法，农药中毒急救措施，必要时注

明对医生的建议等。

（三）购买农药后的注意事项

购买农药后一定要索要发票，使用后保存好剩余农药和农药包装物，如果使用后出现问题及时向农业行政主管部门、市场监督管理部门等部门反映，请其依法查处违法经营行为，追究法律责任，赔偿经济损失，依法维护自身合法权益。

第七节　农药的配制

除少数可以直接使用的农药制剂以外，一般农药在使用前都要经过配制才能施用。农药的配制就是把商品农药配制成可以施用的状态。

一、不同农药的配制方法

（一）液体农药的配制

配制农药较少的时候可以直接进行稀释，在准备好的容器当中盛好需要的清水，然后将定量的药剂缓慢倒入水中，用木棒轻轻搅匀之后使用。需要配制较多药量的时候最好采用二次稀释法，先用少量的水将农药原液配制成母液，再将母液用清水定容至所需药量，充分搅拌均匀之后，即可使用。

（二）可湿性粉剂的配制

需要采用二次稀释法进行配制，先称量需要可湿性粉剂的用量和需要的清水体积，然后用少量的清水将可湿性粉剂制成母液，再倒入剩余的清水中，搅拌均匀后使用。

（三）粉剂和颗粒剂农药的配制

根据所要防治的面积，称量好农药的数量，按照其目标稀释浓度，称量好相应的填充料质量，先取少量填充料将农药配制成母土，然后再用剩余的填充料稀释，搅拌均匀后使用。

二、注意事项

（1）不要用污水配药　容易堵塞喷头，还会使药剂产生沉淀。

（2）不要用井水配药　井水含矿物质比较多，这些矿物质容易和农药发生反应，形成沉淀，降低药效。

（3）配药时要用专用的器具进行量取和搅拌　量取器具要精准，配药盛药的器具不能直接从井里、河里等地取水，要远离水源及儿童。

（4）农药需要现用现配，并根据实际情况合理混配　如果是针对不同的防治对象一次施药，能够减少人工，提高防治效果，扩大防治范围，但需注意混配的农药不能产生物理或化学反应，改变农药的成分或性状，不能增加毒性和残留。

第八节　农药的使用技术

一、对症下药

各类农药的品种很多，特点不同，应针对要防治的对象，选择最适合的品种，防止误用，并尽可能选用对天敌杀伤作用小的品种。

二、适时施药

每种农药针对的防治对象均有一定的有效用量范围，一般在害虫孵化期、病害初发期、杂草萌发前期施药，选用最低有效剂量，即可达到最好防治效果。一般环境气温较高或作物处在幼苗期，施药量可适当减少；环境气温较低或虫龄较大时，施药量应适当增加。此外，确定施药用量时还应考虑作物的敏感性和环境条件，如土温低、土壤黏性重、含水量少，除草剂用量应适当增加。

三、根据天气选择施药时间

不同天气状况应选用不同施药方法。如喷雾法防治应在 8:00—10:00、

16:00—18:00 无风或微风的晴天进行，雨后或有露水时，不要喷雾；10:00—16:00 的高温时间不要施药，尤其是不要施用硫制剂，以防药害。另外还应掌握施药时间，用同种农药防治同种病虫害，在防治期的不同时间施药，效果往往相差很大。如在无风、微风、晴朗的上、下午用喷雾法防治病虫害，比大风、阴雨天喷雾效果好。而喷粉则应选择有露水，早、晚处于逆温层时进行。

四、适量施药

用药量应根据使用药剂的性能、需要防治的作物以及不同的施药方法确定，施药次数要根据病虫害发生时期的长短、药剂的持效期及上次施药后的防治效果来确定。用药量大，防治效果并不会按正比提高，反而增加成本，产生药害，造成蔬菜中农药残留量增加，加速害虫抗药性水平的发展，杀伤天敌，污染环境，有碍人畜健康；减少用药量则达不到预期的防治效果，造成产量损失。

五、施药方法和设备

目前常用的农药施药方法有喷雾、喷粉、施粒、烟雾等多种形式，农药的施用需要根据农作物的种类和生长时期、防治对象的种类、施药的场所环境等具体条件，选择合适的方法和设备。喷洒药液的均匀程度直接影响施药的效果和质量，杀菌剂和杀虫剂都需要均匀地喷施在叶片上，才能充分地发挥效用，而且正面背面都需要喷施。对于土传病害，应该对土壤进行药剂处理，或者将药土铺底后再进行种植。

六、合理混用农药

混合用药是把两种或两种以上的农药混合使用，做到一次用药达到多种效果，节省人力与物力。能防治两种或两种同时发生为害的害虫；或能兼治病、虫、草害，节省劳力和农药；或能提高药剂对病、虫、草害的防治效果，并能防止害虫、病菌、杂草产生抗药性；或增强对作物的安全性，不发生药害，且能增产。

七、合理轮换用药

在一个地区长期连续使用单一品种农药，容易使病虫害产生抗药性，连续使用多年，防治效果大幅度下降。轮换使用作用机制不同的农药品种，是延缓病虫害产生抗性的有效方法之一。在轮换使用不同的药剂时，要尽量使用不同类别的有效药剂。研究发现，有一些药剂之间存在负交互抗性，如乙霉威与多菌灵存在负交互抗性，即对多菌灵敏感的病菌对乙霉威不敏感，而对多菌灵产生抗药性的病菌，改用乙霉威，防治效果就很好。

八、注意安全采收间隔期

要严格按照国家规定的安全间隔期收获，尤其是瓜果菜类，以防止人畜食后中毒。一般白菜、油菜等叶果菜类使用杀虫剂如菊酯类农药，安全间隔期应不少于 7 ~ 10d，杀菌剂安全间隔期不少于 5 ~ 10d。

九、注意保护环境

施用农药须防止污染附近水源、土壤等，一旦造成污染，可能影响水产养殖或人、畜饮水等，而且难以治理。按照使用说明书正确施药，一般不会造成环境污染。

十、做好自身防护

在喷药过程中，一定要穿戴护具，要佩戴口罩、眼镜、橡胶手套、塑料衣以及长筒靴等防护工具，并要适当休息。在施药过程中应该避免药和身体皮肤接触，喷药时间最好不要超过 4h，未成年人、老人和孕妇禁止喷药。药物防治过程中禁止喝水和吸烟，避免因为药液吸入而出现中毒现象。施药过程中如果感到身体不适要立即停止施药，及时就医。施药要顺风进行，避免逆风造成药物飞散，影响防治效果。

第九节 施药后的处理

一、施药田块的处理

喷施过农药的田块，根据喷施药剂的不同，一周之内可能会残留一定的农药，如果人畜误入可能会产生中毒等情况，因此要在田块树立明显的警示标志。

二、剩余药液及农药废弃包装物的处理

（一）剩余药液的处理

按照农药的规格和用量，很多情况下会有剩余的药量，这个时候可以查看农药的标签是否允许下次继续使用，如果不能继续使用则要销毁；如果可以的话，要将药液放在原来的包装里，不要用其他瓶子进行分装，要进行单独存放，并上锁，避免儿童能够拿到。

（二）农药废弃包装物的处理

农药为有毒药剂，农药的包装物也是有毒的物品，因此农药的废弃包装物也要进行妥善处理，不能随意丢弃，否则有可能会污染水源、土壤和大气。要将农药包装废弃物在一个通风良好且周围没有可能污染其他物质的地方烧毁或深埋。需要注意的是除草剂和植物生长调节剂类的农药包装不能进行焚烧，否则会对作物产生药害或影响作物的生长发育。

三、施药器械和人员的清洁

（一）施药器械的清洗

施药器械使用完后要及时进行清洗，主要用清水进行清洗，清洗后的水应该倒在不会引起人畜中毒和污染的地方，避免在河边、池塘等水源地进行

清洗。

（二）施药人员的清洁

施药人员在施药结束后，应该将防护服、手套、护目镜等，放入专用的塑料袋中，拿回家后马上进行清洗，可以用肥皂水或草木灰水浸泡半个小时，再用清水冲洗几遍，晾干后收起备用。

施药人员回家后应立即清洗脸、手等暴露的皮肤，再用肥皂清洗全身，有条件的要用流动水清洗受污染较多的地方，如背部等，然后漱口换衣服。

四、用药档案记录

施药后要及时记录当次施药的各项数据，包括时间、药剂的通用名称、防治对象、用药量、防治面积、使用效果、气象数据和安全性。

第十节　药害

如果农药施用不当或受其他因素影响可能会对农作物产生药害。

一、药害的种类

农作物的药害根据症状表现和时间上来看可以分为以下 3 种。

1. 急性药害

急性药害是指在短期内就表现出来症状，包括斑点、黄化、畸形、枯萎等症状。

2. 慢性药害

慢性药害是指施药后很长一段时间农作物才表现症状，主要是植株发育不良，根系短小，不孕，脱落等，这种往往是农药中存在的杂质造成的。

3. 残留药害

残留药害是指施药后农药在土壤中积累，或残效期较长，使土壤中的农药对后茬作物产生药害的症状。

二、药害产生的原因

农药施用使农作物产生药害，会因农药的种类、浓度等，农作物的发育阶段和环境条件的不同，产生不同程度的影响。

（一）农药的原因

有些农药可能其中含有杂质会使作物产生药害，或是不恰当的混用农药容易产生药害。使用浓度过高或重复喷施也容易产生药害，或是施药器械没有清洗干净，残留上次的药剂对农作物产生药害。

（二）作物种类及发育阶段

作物在不同生长期，对农药的敏感性不一样。一般种子耐药力最强，作物幼苗期和花期的耐药性差，发生药害的可能性大，在中后期较少发生；作物生长旺盛时对农药的耐药性强，反之则弱。

（三）环境条件

作物药害的发生与当时的天气有密切的关系，如风力、风向、降水、土壤温湿度等因素。在高温天气，农药活性变高，作物的代谢作用也会增强，施药后发生药害的可能性大；风大时喷施除草剂，遇风使雾滴飘移，作物也可能发生药害等。

三、药害的补救措施

（一）清水喷淋或略带碱性水淋洗

若是叶面和植株喷洒某种农药后而发生的药害，如发现较早，可以迅速用大量清水喷洒受药害的作物叶面，反复喷洒清水 2 ～ 3 次，尽量把植株表面上的药物洗刷掉，并增施磷钾肥，促进根系发育，以增强作物恢复能力。对一些遇碱性物质比较容易分解的，可在喷洒的清水中适量加 0.2% 的生石灰或 0.2% 的碳酸氢钠溶液淋洗或冲刷，以加快药剂的分解，减轻药害。

（二）追施速效肥

因喷药植株叶片产生药斑、叶缘焦枯或植株黄化等症状的药害，可结合中耕松土，亩施尿素 5 ～ 6kg，并适量施用磷钾肥，增加植株营养，促进根系发育，促进植株迅速恢复生机，对减轻药害程度效果相当明显。

（三）喷施缓解药害的安全药剂

用于抑制和干扰作物生长的调节剂、除草剂，在发生药害后，可喷洒激素类植物生长调节剂，缓解药害程度。

（四）加强田间管理

作物发生药害时应及时进行中耕除草松土，改善土壤通透性，促进根系发育，使植株迅速恢复正常生长。若药害为酸性农药造成，可撒施一些草木灰、生石灰，药害重的用 1% 的漂白粉液进行叶面喷施。若为碱性农药引起的药害，可追施硫酸铵等酸性化肥。及时摘除农作物受害的果实、枝条、叶片，防止植株体内的药液继续传导和渗透。剪除由于药害产生的枯枝，摘除受害叶片，避免因病菌侵染而产生其他病害。

第十一节　农药中毒与急救

一、农药中毒的症状

农药中毒是指在接触农药的过程中，农药进入人体的量超过了正常人的最大耐受量，使机体的正常生理功能失调，引起毒性危害和病理改变，出现一系列中毒临床表现。农药中毒的表现主要有以下 4 种：

1. 局部刺激症状

接触部位皮肤充血、水肿、皮疹、瘙痒、水疱，甚至灼伤、溃疡。

2. 神经系统表现

对神经系统代谢、功能，甚至结构的损伤，引起明显神经症状。常见有意识障碍、抽搐、昏迷、肌肉震颤、感觉障碍或感觉异常等表现。

3. 心脏毒性表现

对神经系统的毒性作用多是心脏功能损伤的病理生理基础，有些还对心肌有直接损伤作用。

4. 消化系统症状

多数农药口服可引起化学性胃肠炎，出现恶心、呕吐、腹痛、腹泻等症状。

二、农药中毒的诊断

1. 农药接触史

应先确定患者是否接触过农药，接触何种农药，是否误食，如果患者神志不清醒，可以询问周围的知情人。

2. 患者的症状

通过观察患者的症状是否符合农药中毒的一些临床症状。

3. 区分容易混淆的疾病

主要区分一些症状相似的疾病，是否是中暑或其他疾病。

4. 进行化验

有条件的地方可以进行化验，通过化验患者的呕吐物或排泄物判断是否为农药中毒。

三、现场急救

①应该使患者脱离毒物环境，解除毒物对身体的继续伤害，可以将患者转移至空旷的地方，解开衣领，保持呼吸通畅，确保吸入新鲜空气，需要的时候可以进行人工呼吸。

②给患者脱下被农药污染的衣服和其他物品，确保患者不再继续被农药污染，及时用大量清水冲洗被污染的皮肤和眼睛等处，还可以用肥皂水处理头发、指甲和耳鼻等。

③如果是误食农药的患者，可以进行催吐，要使患者仰卧，头后倾，以免吞入呕吐物，但是神志不清者或服用腐蚀性农药的不能进行催吐。

④若患者心脏停止跳动时，用心前区叩击术和胸外心脏按压术，进行胸外心脏按压，维持患者的生命。

⑤如有机磷中毒则给以胆碱酯酶复能剂和阿托品等抗胆碱药。

四、及时就医

如果中毒情况较重，在现场进行急救后，马上转送到邻近的医院治疗，根据医生的诊断，服用或注射药物来消除中毒产生的症状。

第五章　农作物有害生物统防统治技术

第一节　农作物有害生物统防统治的意义

专业化统防统治主要特征是利用高效植保机械，在较短时间内将防治投入品快速大规模地在田间按要求进行分布，以获得对病虫害控制的及时性、高效性、普遍均匀性和相对经济性，从而实现大面积控制病虫为害的效果。专业化统防统治可有效提高农药的利用率、减少农药的使用量。

一、有效解决农民防病治虫难的问题

随着现代农业的发展，病虫害呈现出种类多样性、跨地区迁飞为害、为害种群变迁、发生规律特殊等特点，这些都是生产者不易解决的问题。由于我国城市化不断推进，农村劳动力大量转移到城市，留守在农村的老年人、妇女和儿童，在专业知识、接受新事物等能力方面相对较弱，易出现用错药以及错过用药最佳防治适期等问题，导致防治成本偏高、防效差、农产品和环境污染严重。

二、有利于提升病虫害防治效果

随着农村土地流转步伐的加快、农作物病虫害规模和发生趋势的变化，以往传统的家庭式个体化病虫害防治手段已经不能适应现代化农业发展的要求。近些年，在病虫害的防治上出现了许多先进的技术和高新设备，能够为病虫害防治工作提供强有力的支撑。专业化统防统治相对于个体防治，其投入更低，采用集中管理的方式，能够进行全面、系统的防治，显著提升了病虫害的防治效果。

三、保证了农药的科学使用

为了达到防治效果，分户防治依然频繁地使用一些毒性大的农药，加之农民在农药使用上习惯盲目跟从，造成农药的极度浪费和环境的严重污染。而统防统治则不同，它在农药使用上始终秉持匹配、高效、安全的原则，根据防治对象的实际情况确定施药时期、施药方法、使用量等。这样农药使用量减少了，人畜中毒、污染环境等现象也大幅减少。

第二节　常用植保机械的使用和保养

一、电动喷雾器

1. 构造及工作原理

常用的背负式电动喷雾器一般由喷头、喷杆、储液桶、底座、电池、电动水泵和充电器等部件组成。喷头分为单眼喷头和双眼喷头两种形式。单眼喷头喷射的雾团较大，雾滴极细小，适合于小范围喷雾作业。双眼喷头喷射的雾团更大，适合于较大范围的喷雾作业。电动水泵是电动喷雾器的心脏，利用电机工作时泵腔内产生的负压，将水从进水口吸入，从出水口喷出，经过喷嘴形成雾团，完成喷雾作业。

2. 使用方法

购机后应立即充电，使用配套充电器将蓄电池充满，充电时间为8～10h。喷药前要检查整机，视具体作物和田间生长情况来确定安装何种喷头，开启电源开关及药液开关，开始工作；关闭药液开关，水泵自动减压回流；再开药液开关，水泵自动开始升压工作。每天使用完后，无论使用时间的长短，应立即充电，以延长蓄电池的使用寿命。电动喷雾器使用范围广，适用于水稻、小麦、玉米、果树等多种作物的病虫害防治。

3. 保养方法

①购买新机时必须进行调试，确保机器运行稳定正常，并掌握操作规范，明确注意事项，依照说明检查所有部件，保证其完好。

②经常检查电瓶电量及附件，及时充电，不亏电使用。长期放置不用的，每月应充电1次。平时注意防潮防水。新机器初次充电保证8～10h，使用后

充电 4h 左右即可。

③电机和隔膜泵是核心部件，若使用过程中出现停机、漏水、压力不足等现象，最好及时维修。

④及时清洗药液桶、胶管、喷杆等部件，使用电动喷雾器喷洒除草剂后，用碱水或洗衣粉水浸泡 2h，再用清水冲洗几遍，以免下次因药剂残留而产生药害。清洗后将各部件内的水分晾干，以免生锈。

⑤凡是能够拆卸的部件都要拆下来仔细清洗干净，必要的地方涂上甘油，防止生锈。各个部件中有损坏的部件要及时更换。保养好之后将喷雾器放在阴凉、干燥、通风的地方，还要离地面半米以上。

二、喷杆喷雾机

1. 构造及工作原理

喷杆喷雾机是一种利用长杆结构均匀安装多个喷头的药物喷施机械，其多与拖拉机配套安装后使用，喷杆的结构形式包括横向喷杆和竖向喷杆两类，其中横向喷杆展开后与机具行驶方向垂直，竖向喷杆展开后与机具行驶方向平行，当前农业生产中应用的喷杆喷雾机以横向喷杆的结构形式为主，主要结构和功能部件包括喷头、输药管路、喷杆架、农药箱、药液泵及控制装置等。喷杆喷雾机除能用于农药喷施外，还可用于叶面肥喷施、叶面喷水等作业。

2. 使用方法

①对于操作喷杆喷雾机的人员要经过培训，必须能够正确地操作机器，并且掌握一些排除故障的方法。

②作业过程中展开喷杆将喷雾压力调整到规定值，在田头打开喷头进行雾化作业，转弯或到田头时及时关闭喷头，以免造成喷药过量而影响作物生长。

③喷雾作业完成后，药箱内的残余药液要按照要求妥善处理，不得随意排放。及时冲洗药箱、喷药管道等，操作人员要即时洗澡换衣，预防农药中毒。

④每天收工前后对喷雾机的药箱、液压泵、管路、喷头、过滤系统用清水进行过滤清洗，以防农药、水质残留物对管路造成堵塞。

3. 保养方法

①清洗机体，清除异物、缠绕物，清洗植保机药箱、药泵、滤网及喷嘴

等；清洁空气滤清器、散热器、防虫网、油水分离器等。

②清洁或更换燃油滤清器滤芯，补充或更换机油和滤芯，添加药泵润滑油，清洗药泵吸入式滤芯，更换密封件、喷嘴等易损件。

③查看外部及连接部主要螺母有无松动等异常，调整各手柄及拉杆、拉线；补充蓄电池电量；检查喷杆升降、收放是否正常，回水搅拌装置是否工作，发现故障及时维修。

三、自走式喷杆喷雾机

1. 特点

①自走式喷杆喷雾机的药箱容积可达到500L，每天可喷洒大田块800 ~ 900亩、小田块400 ~ 500亩。喷雾均匀，药量使用合理，有效提高了作业效果，减少了药害发生，且适用范围广，不仅能除草，还能治虫防病。

②高地隙的设计使得在麦田、稻田的田间管理中行走自如，药液量分布均匀、喷洒质量好，对农作物的伤害、损伤降到了最低点。操作人员乘坐驾驶机械，劳动强度大幅度降低，驾驶位置在前，喷雾位置在后，安全性高，对于北方的玉米等作物非常适用。

③自走式喷杆喷雾机能准确调整喷雾量，彻底改变因药械问题造成的重喷、漏喷、过量、漂移等问题，雾化程度高、对靶性强，防治效果好，农药利用率高，能够满足农产品质量安全与环保要求，实现了植保技术与高效药械的深度融合，充分体现了绿色植保、减量控害的防治理念，是目前技术较为成熟、先进环保的植保机械。

2. 实例

3WX-280H/G型喷杆喷雾机是以小型内燃机为动力装置的自走式植保喷洒机械，可进行旱田作物生长全过程植保作业。该机发动机可使用4冲程汽油机，也可使用柴油机，动力配套性好，同时还具有操作轻便、雾化性能好和作业效率高等特点。3WX-280H型适用于小麦、棉花、大豆、花生、葱、姜、蒜和烟草等作物喷洒作业；3WX-280G型适用于玉米、高粱、甘蔗和棉花等高秆作物喷洒作业。

四、植保无人机

植保无人机具有适应性强、作业效率高、节约用水、节省劳动力等特点，解决"谁来打药、无法打药、打药不及时"等问题，提高农作物病虫害防控水平，提升主要粮食作物突发、暴发、流行性重大病虫害应急防控能力。

1. 技术要点

（1）作业前准备 施药前根据开展航化作业地块、作物、靶标等信息划定作业区域，明确作业面积，选择起降点。喷清水进行模拟飞行，检查和校准喷头流量及喷洒监测装置，确保植保无人机喷雾作业状态正常。

（2）飞行参数要求 根据不同作物、不同时期、不同靶标等因素，飞行高度距离作物顶部 1.8～2.5m；飞行速度 4～6m/s；选择适合的喷头种类和型号，确保达到喷雾要求；亩喷施药液量 ≥ 1 L（根据防治靶标调整药液量，如防治草地贪夜蛾亩药液量 ≥ 3 L）。

（3）气象要求 航化作业风速 ≤ 5.4m/s（3级风），温度 ≤ 30℃，空气相对湿度 ≥ 60%。施药后 2h 内有降水，应按农药标签使用说明书要求，确定是否需要重新施药。

（4）药剂选择 应用植保无人机航化作业应选择对作物、人畜安全，对环境友好的高效、低毒、低风险农药，优先选择适于航化作业的农药剂型。航化作业须加入安全的航空喷雾专用助剂，严禁使用非航空喷雾专用助剂（如化肥等）。

（5）药剂配制 配药时选择 pH 值接近中性的清水配制农药。采用二次稀释法配制药液，在配药桶（器）内配制好母液，再加入药箱稀释并混拌均匀。农药现用现配，多种药剂混配，应对药液稳定性进行检查。

2. 注意事项

①国家规定的禁飞区域禁止开展植保无人机航化作业。

②植保无人机飞手应按照中国民航局《民用无人机驾驶员管理规定》，持有具备资质的专业培训机构颁发的飞手证。

③农作物病虫害防治服务组织开展统防统治须严格遵守安全操作规定，制订应急预案，确保航化作业安全。应向公众公告作业范围、时间、施药种类以及注意事项等。

第六章　农作物主要病虫害的识别与防治

第一节　水稻主要病虫害的识别与防治

一、水稻稻瘟病

水稻稻瘟病是水稻重要病害之一，可引起大幅度减产，流行年份一般减产 10%～20%，严重时减产 40%～50%，甚至颗粒无收。我国各水稻产区均有发生，水稻生长的整个时期均会发生稻瘟病，且其主要为害水稻地上部分。

【症状】

叶瘟：叶瘟包括急性型、慢性型、褐点型和白点型等类型，其中急性型与慢性型最为常见。一是急性型，水稻叶片会出现椭圆斑点，颜色呈暗绿色或灰绿色，叶片正反面均可见褐色霉层。二是慢性型，叶片会出现暗绿色病斑，随着病情逐渐加重，病斑面积变大，两头尖，边缘部分变为褐色，最边缘还会看到淡黄色，中间为灰白色。气候潮湿的情况下，叶片背部也会出现灰色霉层，之后病斑连接为形状不一的大斑块。三是褐点型，一般老叶片叶脉会出现褐色斑点，病菌孢子较少。四是白点型，幼嫩的叶片较为常见，会出现白色圆形小斑，但不携带病菌孢子（图 6-1）。

穗颈瘟：水稻穗颈、枝梗、穗轴等部位较易发生穗颈瘟，发病初期会出现浅褐色水渍状斑点，随着病情严重，斑点逐渐扩散，导致穗颈坏死，病斑灰黑色，不定形。发病早而重时全穗变白，很像螟虫为害造成的白穗。发病迟或发病轻时，水稻穗部枝梗和小梗会因病菌浸染而呈灰褐色，稻穗外表与健穗无明显差别，然而内部多为秕谷，致使千粒重明显减轻。穗颈瘟不存在特效防治药物，需要做好预防工作（图 6-2）。

图 6-1　水稻叶瘟症状　　　　　图 6-2　水稻穗颈瘟症状

【病原】

水稻稻瘟病的病原菌为稻梨孢，属半知菌亚门真菌，有性态属子囊菌亚门真菌。枝梗不会向外分枝，很多根丛生，具很多个隔膜，基部较大，棕色，越往上颜色越淡，顶端弯曲，有孢子。分生孢子无色，洋梨形或棍棒形，常有 1～3 个隔膜，近球形，深褐色，紧贴附于寄主，产生侵入丝侵入寄主组织内。

【发病特点】

真菌性病害。病菌发育最适温度为 25～28℃，高湿有利于分生孢子形成和扩散，适温高湿，有雨、雾、露存在条件下有利于发病。放水早或长期深灌根系发育差，抗病力弱发病重。光照不足，田间湿度大，有利分生孢子的形成、萌发和侵入。山区雾大露重，光照不足，稻瘟病的发生为害比平原严重。偏施迟施氮肥，不合理的稻田灌溉，均降低水稻抗病能力。

【防治方法】

（1）农业防治　水稻种植时应结合当地实际情况，科学选择适宜的抗病品种，以有效抵御稻瘟病。播种水稻前，应做好种子的消毒工作。稻瘟病重发生的田块，可采用水稻—瓜菜的轮换种植模式，避免水稻抗性降低，间接减缓稻瘟病的发生风险。重视水稻施肥工作，适当增加有机肥比例，还应为水稻添加适量的微量元素，尤其增加硅肥。消除田间病菌来源，处理好病稻草。

（2）生物防治　使用生物农药 1 000 亿芽孢 /g 枯草芽孢杆菌可湿性粉剂防治水稻稻瘟病效果较好，可在水稻稻瘟病的防治中推广应用。春雷霉素属于广泛使用的农用抗生素，可以有效防治水稻苗瘟、叶瘟、穗颈瘟等病害。

（3）化学防治　使用的化学农药主要包括三环唑、吡唑醚菌酯、稻瘟灵等。使用 75% 的三环唑可湿性粉剂 450g/hm^2 兑水 450kg 防治，可以达到良好的防治效果。为防止病害产生耐药性，需要轮换使用不同的农药。在水稻稻瘟病发病初期使用 25% 吡唑醚菌酯悬浮剂 450mL/hm²；40% 稻瘟灵乳油 975mL/hm² 兑水 450kg 在叶瘟初期进行喷雾预防效果较好。

二、水稻纹枯病

水稻纹枯病又称为云纹病、花足秆、烂脚瘟，广泛分布于水稻产区，是水稻三大病害之一。水稻感染纹枯病后，减产达 10% ～ 30%，严重时可致减产 50% 以上。

【症状】

纹枯病在水稻苗期至穗期均易发生。靠近水面位置的叶鞘有水浸状小斑或小点，颜色呈暗绿色，随着病情发展，病斑逐渐扩大，呈云纹状，病斑中部颜色为灰绿色，若田间温度降低，病斑中部的颜色为淡黄色或灰白色，边缘则为灰绿色。田间流行面积较大或发病严重时，病斑面积较大，呈不规则状，容易造成叶片发黄、干枯。茎秆发病容易折断，抽穗后感染，谷粒千粒重会有所下降，同时病变谷粒上有一层白色霉层，菌核颜色为深褐色（图 6-3、图 6-4）。

图 6-3　水稻纹枯病叶片受害症状　　　图 6-4　水稻纹枯病茎秆受害症状

【病原】

病原为瓜亡革菌，属担子菌亚门真菌，无性态为立枯丝核菌，属半知菌亚门真菌。菌核深褐色圆形或不规则形，较紧密，菌核形成需 3 ～ 4d。

【发病特点】

真菌性病害。菌丝的发育与致病温度均以 28℃最适宜，遗留的菌核多、高温高湿、种植密度过大、氮肥过量、长期深水灌溉、不露晒的稻田发病比较严重。水稻从分蘖期发病，开始为水平拓展阶段，孕穗期前后进行垂直发展期，为发病高峰。

【防治方法】

（1）农业防治　打捞菌核，减少菌源，要每季大面积打捞并带出田外深埋。加强栽培管理，施足基肥，追肥早施，不可偏施氮肥，增施磷钾肥，采用配方施肥技术。灌水要掌握"前浅、中晒、后湿润"的原则。选用良种，宜选用分蘖能力适中、株型紧凑、叶型较窄的水稻品种，提高稻株抗病能力。合理密植可降低田间群体密度、提高植株间的通透性、降低田间湿度，从而达到有效减轻病害发生及防止倒伏的目的。

（2）生物防治　使用井冈霉素与枯草芽孢杆菌或蜡质芽孢杆菌的复配剂等药剂，持效期比井冈霉素长，可以选用。

（3）化学防治　丙环唑、烯唑醇、己唑醇等杀菌剂对水稻纹枯病防治效果好，持效期较长。在水稻分蘖盛期即水稻封行前（水稻纹枯病暂未发病或发病初期），每亩用 10% 己唑醇 40mL 或在水稻分蘖末期即水稻封行后（水稻纹枯病进入快速扩展期），每亩用 10% 己唑醇 55mL 趁早晨露水未干时粗雾喷于水稻下部，可有效预防、控制水稻纹枯病的发生。

三、水稻恶苗病

水稻恶苗病又名徒长病，俗称公稻子，是为害性强的常见真菌性病害，是稻区普遍发生的水稻病害，发病重的地块发病率达 10% ～ 20%，严重影响水稻产量。

【症状】

水稻恶苗病从苗期至抽穗期均可发病，一般情况下，受病菌侵染后，2 ～ 4 叶期病株即表现为徒长、细弱，叶色黄绿，叶片、叶鞘狭长，根系发育异常；本田移栽后，病株表现为瘦高细长、叶色变淡，茎基部会呈现褐色、有气生根、茎秆内部出现灰白色菌丝，叶鞘夹角增大。病株分蘖明显减少或不分蘖，部分病株提前枯死，存在不能抽穗或无法完全抽穗、穗小而不结实、灌浆不充分等现象，抽穗后枯死病株会出现白色秕谷（图 6-5、图 6-6）。

【病原】

水稻恶苗病的致病菌主要是镰孢菌属，是一种真菌性病害，属半知菌亚门真菌。分生孢子有大小两型，小分生孢子卵形或扁椭圆形，无色单胞，呈链状着生，大分生孢子多为纺锤形或镰刀形，顶端较钝或粗细均匀，具 3 ～ 5

个隔膜，多数孢子聚集时呈淡红色，干燥时呈粉红或白色。有性态称藤仓赤霉，属子囊菌亚门真菌，子囊圆筒形，基部细而上部圆，内生子囊孢子 4～8个，排成 1～2 行，子囊孢子双胞无色，长椭圆形。

图 6-5　水稻恶苗病苗期症状　　　　　图 6-6　水稻恶苗病苗床表现症状

【发病特点】

真菌性病害。种子带菌，播种后，病菌随种子萌发而繁殖，引起秧苗发病。稻种催芽过程中，以破胸露白时期发病率最高，27～30℃最适宜恶苗病病菌生长，35℃最适宜病菌侵染稻株、发展病症。秧苗根部受伤的发病较重，旱育秧发病较重，有些品种较易发病。

【防治方法】

（1）农业防治　建立无病留种田，选栽抗病品种，并进行种子消毒处理。留种田及附近一般生产田，发现病菌或病株应及时拔除，以防传播蔓延。留种田应单收、单打、单贮。催芽不宜过长，拔秧要尽可能避免损根。做到"五不插"：不插隔夜秧、不插老龄秧、不插深泥秧、不插烈日秧、不插冷水浸的秧。

（2）化学防治　该病是种子传播的病害，实行严格的种子消毒是防治此病的关键。用 1% 石灰水澄清液浸种，15～20℃时浸 3d，25℃浸 2d，水层要高出种子 10～15cm，避免直射光；2% 福尔马林浸 - 闷种 3h，气温高于 20℃用闷种法，低于 20℃用浸种法。用 40% 拌种双可湿性粉剂 100g 或 50% 多菌灵可湿性粉剂 150～200g，加少量水溶解后拌稻种 50kg；或用 50% 甲基硫菌灵可湿性粉剂 1 000 倍液浸种 2～3d，翻种子 2～3 次 /d；或用 35% 恶霉灵胶悬剂 200～250 倍液浸种，温度 16～18℃浸种 3～5d，早晚各搅拌 1 次，浸种后催芽。

四、水稻稻曲病

稻曲病俗称青粉病、谷花病、丰收病、绿黑穗病等，稻曲病是水稻的主要病害之一，特别在杂交晚稻上常有发生，一般可致减产 5% ～ 10%，严重者可达 50% 以上，甚至绝收。同时含有稻曲毒素和黑粉菌素，人畜过多食用被污染的稻米会引发慢性中毒，影响稻米食用安全。

【症状】

稻曲病主要发生在水稻穗部，水稻在扬花期感病，侵染初期在田间难以观察到症状。菌丝通过水稻灌浆的营养物质进行繁殖，最终形成的分生孢子座从颖壳缝隙处长出，形成肉眼可见的稻曲球。在大田观察到稻曲球时，往往已到水稻灌浆后期，错过了最佳防治时期。稻曲球最初呈淡黄色，其外覆盖一层光滑的膜，随着病程的推进，稻曲球颜色不断加深，膜破裂后释放出黄色或墨绿色的厚垣孢子（图 6-7、图 6-8）。

图 6-7　水稻稻曲病谷粒受害症状　　　图 6-8　水稻稻曲病田间表现症状

【病原】

稻曲病病原菌为稻绿核菌，菌核从分生孢子座生出，黑色，内部白色，长椭圆形，长 2 ～ 20mm，入土休眠后产生子座，橙黄色，头部球形或椭圆形，直径 1 ～ 3cm，有长柄可达 10mm 左右，头部外围生子囊壳，子囊壳瓶形。子囊无色，圆筒形，长 180 ～ 220mm；子囊孢子无色，线形，单细胞，厚垣孢子球形，墨绿色，表面有瘤状突起，未成熟的孢子较小，色淡，几乎光滑。

【发病特点】

真菌性病害。水稻生长嫩绿，抽穗前遇多雨，温度适宜的情况下易诱发稻曲病。偏施氮肥、深水灌溉，田水落干过迟发病重，品种抗性有显著差异，密穗形品种发病较重。

【防治方法】

（1）农业防治　水稻不同品种间抗性不同，选用抗病品种是防治稻曲病发生的有效措施，一定程度上能减轻稻曲病的发生。水稻收割后要深翻土地，尤其是发病重的稻田，通过深翻可以将病菌埋入土中，消灭菌源。水稻播种前要清除田间杂草、病残体和田间的病源物，减少发病的机会。要合理施肥，避免偏施氮肥，防止氮肥施用过量、过迟。改善田间气候条件，适当稀植，增加通风透光性，创造不利于病害发生的田间气候条件，从而减少病害的发生。

（2）化学防治　由于稻曲病的发病时间比较集中，一旦发病便无药可治，所以防治时期非常关键，一般采用两次施药法，在水稻破口前 7 ～ 10d 第 1 次施药，在水稻破口期第 2 次施药以巩固防治效果。药剂使用如下：5% 井冈霉素水剂 1 800 ～ 2 400mL/hm² 兑水 750kg 喷雾，或 43% 戊唑醇悬浮剂 180 ～ 240mL/hm² 兑水 750kg 喷雾。防治稻曲病的药剂较多，可以复配使用，综合防治水稻其他病害，达到综合防治的效果。

五、水稻干尖线虫病

水稻干尖线虫病是水稻常见病虫害之一，又称为干尖病、白尖病，线虫心枯病，一般可造成水稻减产 10% ～ 20%，严重者可达 30% 以上。

【症状】

水稻干尖线虫在水稻生长点上寄生而取食，病株生长前期从叶鞘中抽出的新叶叶尖褪绿，水稻整个生育期均可受害，主要为害叶片与穗部，其中以穗期症状最为明显，秧苗被害后，上部叶尖端 2 ～ 4cm 处逐渐皱缩，呈白色或灰色的干尖，病健部界限明显，干尖扭曲。孕穗期病株剑叶或上部 1 ～ 8cm 处出现淡褐色半透明状病斑，有露水时干尖可伸展开，比较透明，露水干后叶尖扭曲、干卷，逐渐枯死，这是水稻干尖线虫病的典型特征，感病植株一般比健株短而小，长势差，不能开花，即使开花也不能结实，大多数植株能正常抽穗，但抽穗困难或抽出的稻穗小、不规整，秕谷增加，米粒有裂纹，千粒重降低，成熟期病穗直立不下垂，最终影响水稻产量和品质（图 6-9、图 6-10）。

图 6-9　水稻干尖线虫病叶片受害症状　　图 6-10　水稻干尖线虫病穗部受害症状

【病原】

病原称贝西滑刃线虫（稻干尖线虫），属线形动物门。体细长，头、尾钝尖，身体半透明，虫体近直线或稍微弯曲，尾逐渐变细，雌性略长。雌虫蠕虫形，直线或稍弯，体长 500～800μm，尾部自阴门后变细，阴门角皮不突出；雄虫上部直线形，体长 458～600μm，死后尾部呈直角弯曲，尾侧有 3 个乳状突起，交接刺新月形，刺状，无交合伞。

【发病特点】

线虫类病害。大多数幼虫或成虫藏于谷粒中度过冬天。在充分晒干的谷粒中，幼虫可以存活 3 年以上，然而在土壤或水里则只能活到 30d 左右。耐寒不耐高温，活动适温为 20～25℃，秧田期和本田初期，幼虫借助灌溉水进行传播，虽然土壤传病率低，但是随着稻种调运，病虫害得以更远距离的传播。水稻品种的不同使得水稻干尖线虫具有不同的抗性，籽粒中线虫前期繁殖发育对温度的适应性较低，同时繁殖后期对湿度的要求较高。

【防治方法】

（1）农业防治　由于水稻干尖线虫仅在局部地区零星为害，因而实施检疫是防治该病的主要措施。为防止病区扩大，在种子调运时必须进行严格检疫。在无病区或无病田选留无病种子是较为简单易行的防病措施之一。可采用温汤浸种的方法杀死潜藏在种子内的线虫。先将种子在冷水中预浸 24h，然后在 45～47℃的温水中浸泡 5min，再移入 54℃的温水中浸泡 10min，取出后再用水冷却，最后摊开晾干即可催芽播种。

（2）化学防治　用药剂浸种是杀灭水稻颖壳内干尖线虫的最佳方法，而一旦错过这一时期，干尖线虫侵入生长点后就难以用药防治，应抓住防治关键时期用药剂浸种。可以用 16% 咪鲜·杀螟丹可湿性粉剂 15g，加水 6kg 配成400倍液，浸稻种8～10kg，日均温度8～20℃时浸种60h，日均温度23～25℃时浸种48h。在水稻生长期，每亩可用16%咪鲜胺·杀螟丹可湿性粉剂45g，加水50kg喷雾，对防治干尖线虫有一定的药杀效果，可以减轻干尖线虫病的为害损失。

六、水稻螟虫

水稻螟虫俗称钻心虫、蛀心虫，主要包括二化螟、三化螟、大螟，是水稻上较严重的常发性害虫。其中，为害性最大的是二化螟和三化螟，二化螟一般年份可致减产3%～5%，严重时减产在30%以上。

【症状】

（1）二化螟　二化螟的幼虫侵入稻茎的能力强，其幼虫首先蛀入叶鞘内壁，咬食叶鞘组织，造成枯鞘，被害叶鞘外表有不规则长圆形水渍状的锈色斑，叶片的尖端变成锈黄色枯萎。撕开叶鞘，里面常有3～5条幼虫，多的可达几十条。幼虫2龄以后才蛀入心叶，水稻苗期受害后成为枯心苗，孕穗期受害造成死孕穗，抽穗期受害造成白穗，成熟期受害使部分籽粒不结实，造成虫伤株，使千粒重降低，瘪谷量增加，严重影响水稻的产量和品质（图6-11）。

（2）三化螟　水稻分蘖、孕穗和抽穗期最易受侵害。刚孵出的幼虫有的向叶下部爬移，有的在叶尖吐丝垂挂并随风飘移至其他稻株上，选择合适部位在30～40min内侵入稻茎内为害。水稻分蘖期，幼虫在距水面1～2cm处的稻株基部蛀入，引发枯心和心叶纵卷等。水稻孕穗和抽穗期，幼虫主要从嫩弱或穗苞有缝处侵入，取食稻花，过3～5d再为害脆嫩的穗茎并蛀入稻茎内，慢慢向稻茎下部蛀食，4～5d后达茎秆基部并咬断稻茎，引发白穗（图6-12）。

（3）大螟　幼虫蛀入稻茎为害，可造成枯鞘、枯心苗、枯孕穗、白穗及虫伤株。大螟为害的孔较大，有大量虫粪排出茎外。受害稻茎的叶片、叶鞘部都变为黄色。其为害造成的枯心苗，蛀孔大、虫粪多，多夹在叶鞘与茎秆之间，且大部分不在稻茎内；同时为害的枯心苗近田埂较多，田中间较少，区别于二化螟、三化螟为害造成的枯心苗。但在田边杂草繁茂的田块，全田均有大螟分布，而非仅限于近田埂区域。

【发生特点】

水稻螟虫的产卵期、卵孵化期如与水稻分蘖和孕穗、抽穗期相遇，水稻受害会多而重。机收留茬高，稻田冬季休耕或免耕时，其发生会增多和加重。不同水稻品种抗螟虫能力不尽相同，有的抗（耐）性相对较强，但目前尚无绝对抗（耐）螟虫的品种。暖冬和春季气温较高的年份，有利螟虫安全越冬，水稻受害将明显加重；氮肥施用过多或过重，水稻会贪青生长，大大加重受害。降水多且连续降水时间偏多的年份，水稻螟虫会大量染病死亡。

图 6-11　水稻二化螟幼虫

图 6-12　水稻三化螟幼虫

【防治方法】

（1）**农业防治**　适时机耕翻田，压低螟虫基数，同一地区统一品种，统一播种时间，使水稻生育期相对整齐，可缩短螟虫有效盛发时间。运用耕作技术，消灭螟虫越冬虫源。在螟虫越冬代化蛹高峰期，翻耕冬闲田，灌深水浸沤，使螟虫不能正常羽化，达到杀蛹灭螟，降低发生基数的目的。适当推迟水稻播栽期，减少一代螟虫的田间落卵量。大力推广塑盘旱育抛秧和机械插秧等轻型栽培技术，使一代二化螟产卵盛期与易落卵的水稻苗期错开，降低秧田落卵量。

（2）**生物防治**　在防治螟虫过程中，大力推广稻鸭技术、赤眼蜂、二化螟性诱剂、安装频振式太阳能杀虫灯等，同时使用阿维菌素、苏云金杆菌、Bt 乳剂等生物农药防治，减少对天敌的伤害，强化自然防治。

（3）**化学防治**　播种或插秧前，每亩施用 3% 呋喃丹颗粒剂 2.5～3.0kg；插秧时，用 90% 晶体敌百虫 0.5kg，加水 400～500kg，浸秧苗 10min。50% 杀螟松乳油，每亩用 100mL，加水 150～200kg 泼浇；在蚁螟孵化高峰前 1～2d，每亩用 50% 嘧啶氧磷乳油 60～80mL，兑水 75～100kg 喷雾。

七、稻纵卷叶螟

稻纵卷叶螟俗称卷叶虫、刮青虫、白叶虫、苞叶虫等，属鳞翅目螟蛾科，是水稻上重要的"两迁"害虫之一。

【症状】

刚刚孵化出来的幼虫喜欢取食水稻心叶，在它们取食为害的部位会出现针头状的小点；而有的幼虫先在叶鞘内部为害，随着龄期的增长，开始吐丝同时将水稻叶片缀合，叶片纵向卷成成圆筒状的虫苞，幼虫藏身在叶苞内部啃食叶片，在表皮上留下白色条状斑纹。严重时会导致稻田里出现"虫苞累累，白叶满田"的现象，此时水稻能够收获的就很少了。其中稻孕期、抽穗期损失最为严重（图6-13、图6-14）。

图6-13 稻纵卷叶螟幼虫为害状　　　　　图6-14 稻纵卷叶螟成虫

【发生特点】

稻纵卷叶螟为远距离迁飞性害虫，自北向南一年发生1～11代，北纬30°以北，任何虫态均不能越冬。每年春夏，成虫随季风由南向北迁飞。随气温和降水拖带降落，成为非越冬地区的虫源。秋季则随季风南迁繁殖越冬。成虫有趋光和趋绿习性，群集。氮肥施用过多、过迟的田块，为害重。成虫盛发和卵孵期，雨日10d、雨量100mm左右、温度25～28℃、相对湿度80%以上，则易大发生，即温暖、高湿、多雨日的气候条件，有利于发生。

【防治方法】

（1）农业防治　一是栽植综合抗性强的水稻品种，提高对稻纵卷叶螟的抗性水平；二是加强施肥管理，合理把握好施肥时间及施肥量，为水稻健壮生长提供良好条件，防止水稻前期长势过旺、后期贪青晚熟等；三是科学管水，田间的湿度条件要适时调节，控制好水稻的搁田时间，在稻纵卷叶螟孵化时适当降低田间相对湿度，或者在化蛹集中期灌深水，保持 2 ～ 3d，以杀死田间虫蛹，降低稻纵卷叶螟的虫口基数。

（2）生物、物理防治　稻纵卷叶螟对光线有较强的趋向性，可在田间悬挂频振式杀虫灯，以降低田间虫口基数，减轻稻纵卷叶螟的为害。稻纵卷叶螟的天敌数量多，约有 80 种以上，其各个虫期均有对应的天敌，如卵期，寄生的天敌有稻螟赤眼蜂等，幼虫期有青蛙等。稻纵卷叶螟发生后，可在田间喷施杀螟杆菌、青虫菌等，菌粉用量为 2 250 ～ 3 000g/hm²（含有活孢子量100 亿），兑水后配成 400 倍液，为了确保防治的效果，可在药液中加入 0.1%的洗衣粉。

（3）化学防治　化学防治要适时进行，喷药时避开雨天，一季稻不宜超过 2 次。水稻抽穗期及分蘖期稻叶嫩绿，是防治关键期；因害虫抗药程度不同，可适当提前施药，害虫盛孵期是施药最佳时期，常用农药有甲维·茚虫威、氯虫苯甲酰胺、四氯虫酰胺、甲维·苏云菌等。应选择低毒农药或生物源农药，并时常更换，避免害虫抗药性增强。另外，利用氯虫苯甲酰胺处理水稻种子可长效控制稻纵卷叶螟的发生，减少田间稻纵卷叶螟的防治次数。

八、褐飞虱

褐飞虱属半翅目同翅亚目飞虱科，别名褐稻虱，稻飞虱的一种。褐飞虱有远距离迁飞习性，是我国当前水稻上的主要害虫。褐飞虱为单食性害虫，只能在水稻和普通野生稻上取食和繁殖后代。

【症状】

若虫丛生在水稻茎的下部，吸食水稻植株的汁液，使其含水量下降。唾液腺分泌一种有毒物质，破坏水稻植株组织，在受损的茎上形成许多褐色斑点。稻秆下部呈暗褐色，阻碍了水稻的生长。雌虫产卵时，用锋利的产卵管穿透叶鞘和茎组织，在叶鞘和茎组织中产卵，使水稻植株变黄或倒伏，当损害严重时，整个田里的叶子可在短时间内被毁。水稻的基部变黑发臭，常常导致茎秆脱落。此外，它是水稻矮化病的昆虫载体，还能传播病毒性疾病（图 6-15、图 6-16）。

【发生特点】

水稻褐飞虱是典型的迁飞性害虫，每年发生代数自北向南递增。褐飞虱食性专一，长翅型成虫具有趋光性，成虫喜欢产卵在抽穗扬花期的水稻上，有明显的世代重叠现象，雌成虫寿命为 15 ~ 25d，繁殖力强，每头产卵 150 ~ 500 粒，多的（特别是翅型成虫）可达 700 ~ 1 000 粒：产卵盛期历时 10 ~ 15d，产卵高峰期 6 ~ 10d。褐飞虱喜欢温暖高湿的气候条件，在相对湿度 80% 以上，气温 20 ~ 30℃时，生长发育良好，尤其 26 ~ 28℃最为适宜。种植的水稻密度过高，氮肥施用量大，水稻柔软浓绿，稻株受害严重。

图 6-15 水稻褐飞虱　　　　　　图 6-16 水稻褐飞虱田间表现症状

【防治方法】

（1）农业防治 选择稻秆粗硬、剑叶挺直、抗倒伏和抗虫的水稻品种进行种植。施足基肥，避免偏施氮肥，防止稻株贪青徒长；适当晒田，降低田间湿度，控制无效分蘖，防倒伏；加强保护有益昆虫和其他生物，如蜻蜓、青蛙等。

（2）化学防治 一是准确掌握防治适期。一般年份，褐飞虱防治时间应掌握在卵孵高峰至低龄若虫高峰期，大发生年份，防治时间应提前至卵孵高峰期。二是坚持速效与持效相结合的原则，提高防治效果，同时要注意不同药剂的复配和轮换使用，防止或延缓抗药性的产生。防治药剂可选用吡蚜酮、吡蚜·异丙威、烯啶虫胺、噻虫嗪等。三是在用足药量的基础上，水稻生长中后期要增加用水量，用水量要达 900kg/hm^2 以上，并喷粗雾，确保药液到达水稻基部。

九、白背飞虱

白背飞虱属同翅目飞虱科，别名火蠓子、火旋。我国南至海南岛，北至黑龙江各稻区均有分布。主要为害水稻、麦类、玉米、高粱。

【症状】

白背飞虱通过刺吸水稻植株摄取大量营养物质，影响稻株生物量生产和通过阻隔运输、机械伤害和干扰代谢等过程，造成稻株光合生产力和其他生理生化过程受抑，导致植株黄化甚至枯死。同时还能传播南方黑条矮缩病等病毒病，对水稻生长造成为害，造成严重损失（图6-17、图6-18）。

图6-17　水稻白背飞虱　　　　图6-18　水稻白背飞虱田间表现症状

【发生特点】

白背飞虱属远距离迁飞性害虫，初次虫源由南方热带稻区随气流逐代逐区迁入，其迁入时间一般早于褐飞虱。成虫具趋光性 - 趋嫩性，卵多产于水稻叶鞘肥厚部分组织中，也有产于叶片基部中脉内和茎秆中。每个卵块有卵5～28粒，多为5～6粒。若虫一般都生活在稻丛下部，位置比褐飞虱高。白背飞虱在30℃高温或15℃低温下都能正常生长发育，以相对湿度80%～90%为适宜。一般初夏多雨，盛夏干旱的年份，易导致大发生。

【防治方法】

（1）农业防治　选用优质、多抗、丰产品种。科学管理肥、水，根据白背飞虱性喜阴凉，忌高温干旱的习性，在水稻的栽插规格、肥料使用和水分管理方面，要互相协调，不宜过分密植，过多施氮，做到配方施肥，适时晒田，抑制无效分蘖和避免水稻徒长、披叶，以降低田间湿度，造成不利于白背飞虱发生的田间环境。

（2）物理防治　安装杀虫灯，对飞虱也有一定的诱杀作用。田间养鸭20～30只，可有效防治飞虱。

（3）化学防治　采取"突出重点、压前控后"的防治策略，在准确测报的基础上，实施科学用药。在白背飞虱若虫卵孵化高峰期至2～3龄若虫发生盛期，及时喷洒25%噻嗪酮可湿性粉剂，用药量300～450g/hm²；或用 10% 吡虫啉可湿性粉剂 2 000 倍液；或用 20% 康复多浓可溶剂，用药量 90 ～ 120mL/hm²；或用 75% 虱螟特可湿性粉剂，用药量 400g/hm²；也可选用 70% 吡虫啉，用药量 30 ～ 60g/hm²。

十、稻水象甲

稻水象甲俗称象甲虫，属于鞘翅目象虫科，是世界范围内的普遍的水稻害虫，被列为我国二级检疫性有害生物。给水稻生产带来严重威胁，轻者可致减产 20%，重则减产 50%，甚至绝收。

【症状】

成虫具有明显的趋嫩性，多在叶尖、叶缘或叶间沿叶脉方向啃食叶肉，留下表皮，形成纵向白色细短、两侧平行、两端钝圆的白条斑痕，这一为害症状是判别稻水象甲发生的主要标志。幼虫蛀食根系，根系被蛀食后变黑或腐烂，引起断根、植株倒伏、矮小、黄瘦、分蘖数明显减少等症状，且易造成僵苗，幼虫对水稻的为害是造成损失的主要因素（图 6-19、图 6-20）。

图 6-19　稻水象甲成虫　　　　图 6-20　稻水象甲田间为害状

【发生特点】

稻水象甲一年发生一代，以成虫在路边、田埂、沟畔等土壤表层或枯草、落叶下越冬。当前，有两性、孤雌两种生殖类型，国内多见孤雌生殖型。该虫型平均寿命 76d，有较强的迁飞性，最远飞行可达 4 ～ 6km。此外，还有较强的趋光、假死、群居、钻土等习性。雌虫产卵水下叶鞘，无水不产卵，产卵周期 1 周，每次产卵 50 ～ 100 粒。耐饥耐寒性很强，可随稻秧、稻草、稻种及加工品的调运做远距离传播。

【防治方法】

（1）加强检疫　由于稻水象甲可通过稻种、稻草、秧苗等传播，所以在调运时，检疫部门应划定检疫区和保护区，禁止对疫区的水稻种子和秧苗进行串换以及调运，可有效控制稻水象甲的进一步扩散。对疑似接触过检疫对象的包装物、运输工具、充填物等，在调出前都必须实施检疫，已经接触过检疫对象的必须进行销毁。对已知的稻水象甲发生区提前进行预测预报、普查和防控。

（2）农业防治　一是可以选择发根能力强的水稻品种，通过自身补偿减轻损失；二是选择晚熟品种，或延迟早熟品种的插秧时间，使幼穗形成期与稻水象甲为害盛期错开，减小损失；三是通过培育壮苗，降低被害叶面积和成虫产卵量，迅速补偿受害根系，减轻对水稻生长发育的影响。实验表明，抛秧的秧苗健壮、根系发达，实行浅水或湿润管理，便于扎根，同时对成虫产卵不利，减轻了稻水象甲的发生。

（3）物理防治　在采用物理技术进行防治时，首先，应对稻水象甲特征予以考虑，根据其趋光性有关特征，设置一定黑光灯达到诱杀目的。同时也能对稻田周围环境进行设置，实现诱杀，由于夜间点灯可以诱集成虫卵，接着对这些成虫卵予以集中消灭。其次，可以设置防虫网。从稻水象甲特征可知，其飞行能力比较差，如果设置防虫网，不仅能对害虫进行阻拦，避免其迁移到稻田，还能提升防治效果。

（4）生物防治　利用稻水象甲的天敌生物，可以防治稻水象甲。稻田养鸭对稻水象甲成虫的防治有一定的效果。球孢白僵菌、绿僵菌等是稻水象甲的寄生天敌，可通过配比菌剂，对稻水象甲成虫及幼虫进行田间防治。生物防治因其对环境友好及对人畜无害，是目前研究最热门的一种方式。白僵菌在防虫的同时还可以促进水稻的生长，特别是水稻根系的发育。

（5）化学防治　化学防治是实际生产上最常用的措施。通常采用"拌、喷、浸、撒"施药技术进行化学防治。播种前进行药剂拌种，秧田期喷药防控，移栽时用药液浸泡秧苗30min后再移栽，移栽后返青分蘖期喷雾兼撒施毒土。常用药剂有氯虫·噻虫嗪、氯虫·苯甲酰胺、醚菊酯等。科学用药，轮换交替使用。施药时间以 10：00 前及 17：00 后为佳，每次防治时田间保持 3 ～ 5cm 水层，并对田埂的害虫进行防治。

十一、中华稻蝗

中华稻蝗俗称蚱蜢、蚂蚱，属于直翅目丝角蝗科。其分布广泛，几乎遍及我国所有稻区。除了水稻，中华稻蝗还为害玉米、高粱、麦类、棉花、豆类以及芦苇等多种植物。

【症状】

以成虫和若虫为害叶片，轻者蚕食叶缘，将叶片吃成缺刻，为害严重时，将叶片全部吃光。抽穗以后，可将稻茎咬断，为害穗颈，可造成白穗乳熟的稻粒咬食成残破状（图6-21、图6-22）。

图6-21　中华稻蝗若虫　　　　　　　图6-22　中华稻蝗成虫

【发生特点】

中华稻蝗以卵在土中2～4cm越冬，卵孵化的适宜温度为25℃左右。中华稻蝗喜食水稻叶片，一天之中有10:00—11:00和16:00—18:00 2次取食高峰。成虫多在田埂、渠埂、沟边以及河滩地产卵，一般很少在稻田内产卵。产卵时间以中午前后为多，雌虫一生可产卵块1～3个，每个卵块有卵粒20～56粒。中华稻蝗喜光，一般处于日光直射处、身体保持受光面积最大的位置。但当7—8月日光强烈照射时，中华稻蝗会转向叶片的背面。

【防治方法】

（1）农业防治　田埂、渠埂、沟边是中华稻蝗的主要繁殖地，所以在春季应组织力量采取压埂、铲埂及翻埂等方法杀灭蝗卵，降低虫口基数。及时清除杂草，切断低龄蝗蝻食料，可减少虫源。在耕作制度上，可采取泡荒田、水旱轮作、冬耕灭茬等措施，造成对中华稻蝗不利的生态环境，抑制其发生。

（2）生物防治　中华稻蝗捕食性天敌有蛙类、蜘蛛及鸟类等，寄生性天敌有寄生蜂、线虫等。稻田蛙类，特别是黑斑蛙的数量可随中华稻蝗数量的增加而增多，当蛙类稳定达到一定数量后，其控虫作用较明显。因此，在化学防治时，应选择高效低毒、对环境友好农药，减少对天敌杀伤，以充分利用保护天敌资源，综合控制中华稻蝗的发生为害。

（3）化学防治　用于防治中华稻蝗的化学农药较多，可用45%马拉硫磷乳剂1 000～1 500倍药液喷雾；45%马拉硫磷乳剂100mL兑水100kg进行超低容量喷雾；每亩用25%马拉硫磷100mL进行超低容量喷雾。以上马拉硫磷农药系列产品都有较好的防治效果。

第二节　小麦主要病虫害的识别与防治

一、小麦条锈病

小麦条锈病又被称为黄疸病，在很多的小麦种植地都有发生过，一旦遭遇大面积的小麦条锈病，就会导致小麦减产，甚至是颗粒无收。

【症状】

小麦条锈病主要发生在叶片上，叶鞘、茎秆、穗部、颖壳及芒上也可发生。苗期染病，幼苗叶片上着生多层轮状排列的鲜黄色夏孢子堆。成株期染病，叶片初期形成褪绿条斑，后逐渐形成隆起的疱疹斑（夏孢子堆）。发病严重时，叶片表面布满夏孢子堆，病叶向叶背纵向卷曲，病叶的背面也能产生条状鲜黄色的夏孢子堆。小麦接近成熟时，在叶鞘和叶片背面形成短线条状较扁平的黑褐色冬孢子堆，埋伏在表皮内，成熟时表皮不破裂（图6-23、图6-24）。

图6-23　小麦条锈病叶片症状　　图6-24　小麦条锈病夏孢子堆

【病原】

小麦条锈病的病原是条形柄锈菌（小麦专化型），担子菌亚门真菌。菌丝丝状，有分隔，生长在寄主细胞间隙中，用吸器吸取小麦细胞内养料，在病部产生孢子堆。夏孢子单胞球形，鲜黄色，表面有细刺，有发芽孔 6～12 个。冬孢子双胞，棍棒形，顶部扁平或斜切，分隔处略缢缩，柄短。

【发病特点】

小麦条锈病病菌喜欢寒冷潮湿多风天气，条锈病夏孢子会随气流进入小麦种植区域，成为主要感染源，环境温度达到 5℃以上时，即可侵染发病。如生长阶段遇到降水或结露天气，孢子可随高空气流传播，导致多地区大范围发生，形成明显春季流行态势。如春季降水量小、长期处于没有露水或雨水，则不能促进夏孢子萌发侵害。如春天降水较多、天气较潮湿，则会加剧夏孢子生长萌发，导致条锈病大范围暴发。

【防治方法】

（1）选择抗病品种　虽然小麦条锈病菌源充足或存在病株变异的情况，但是抗病品种仍比普通品种的抗病性强，尤其是小麦条锈病流行区域，可在翌年更换抗病品种。播种前 3d 将种子放置于太阳下晾晒，2～3h 翻动 1 次让小麦种子受热均匀，自然晾晒可有效杀灭种子表面病菌，晾晒过程中挑出空壳、杂质、病虫害种子。

（2）农业防治　首先，根据自然条件不同，提倡晚种降低此类病害发生率，并在种植前及时清除留生麦，避免病菌越冬或春季种植时循环侵染。其次，依据土壤各类物质含量，可适当施加底肥，建议以有机肥料为主，保证小麦栽种后能快速适应新环境，增强小麦自身抗病能力；最后，在雨季来临前做好田块排水工作，提前挖排水沟，控制土壤温度，不为条锈病发生提供"有利条件"；干旱时期要完成水分灌溉实施，确保农作物水分充足，提高农作物的抗病能力。

（3）化学防治　用 15% 粉锈宁粉剂 150g 拌麦种 100kg，或用 3% 苯醚甲环唑粉剂 250g 拌麦种 100kg。拔节前后喷洒 12.5% 特谱醇 20～30g/ 亩或 15% 三唑酮 100g/ 亩；孕穗期、抽穗期喷洒 10% 叶菌唑悬浮剂 40mL/ 亩，也可选用 250g/L 吡唑醚菌酯乳油 7.5g/ 亩或 125g/L 氟环唑悬浮剂 3.75g/ 亩。

二、小麦白粉病

小麦白粉病是小麦生产上常见的真菌性气传病害，一般发生年份可造成小麦减产 5% ～ 20%，严重年份可造成减产达 30% 以上，发病严重田块减产甚至达 50% 以上。

【症状】

小麦白粉病前期主要侵害叶片，随着病害程度的增加会逐渐扩展至鞘、茎秆、穗部。发病初期，小麦叶片先是出现黄点，如果不采取有效措施黄点会逐渐成为圆形或椭圆形病斑，严重时会形成白色霉斑，甚至会覆盖至整株。到了后期白斑会按照灰白色、浅褐色的顺序成为小黑点状的闭囊壳。对于小麦来说，感染此种病毒后病叶易发黄、早枯，植株易倒伏，发病严重时植株矮小、细弱，颖壳、麦芒也会受到损害，直接影响小麦的千粒重（图 6-25、图 6-26）。

 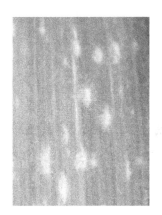

图 6-25　小麦白粉病叶片症状　　　　图 6-26　小麦白粉病白色霉斑

【病原】

小麦白粉病病原为禾本科布氏白粉菌小麦专化型，属子囊菌亚门真菌。菌丝体表寄生，蔓延于寄主表面在寄主表皮细胞内形成吸器吸收寄主营养。在与菌丝垂直的分生孢子梗端，串生 10 ～ 20 个分生孢子，椭圆形，单胞无色，侵染力持续 3 ～ 4d。

【发病特点】

气流传播是小麦白粉病的主要传播方式，通过气流的方式将小麦白粉病菌传播到叶片上，小麦白粉病菌的传播性比较强。小麦白粉病菌的越夏情况和夏季寄主是白粉病发生关键因素。该病发生适温 15 ～ 20℃，相对湿度大于 70% 有可能造成病害流行。少雨地区当年雨多则病重，多雨地区如果雨量过多，因雨水冲刷分生孢子而使病害减轻。偏施氮肥、管理不当、密度过大、水肥不足、土地干旱、植株生长衰弱也易发生该病。

【防治方法】

（1）选用抗病品种　播种以前，结合地区的气候条件和土壤条件等，因地制宜选择抗病能力强的小麦品种，并要注意品种的合理搭配和及时更换，以免给病菌造成侵入条件。选择合适的抗病品种可以有效减小感病品种的种植面积，降低发病程度。

（2）农业防治　合理密植，避免种植密度过大，导致田间通风不良，湿度过大；不要偏施氮肥，使小麦贪青晚熟，容易倒伏，容易发病较重。在小麦生长过程中应该采取科学的管理措施，如果管理不当或者是水肥条件不足，会影响小麦的健康成长，小麦的植株生长衰弱，抵抗能力比较差，因而很容易感染该疾病。应该采取科学的栽培管理措施，为小麦的生长提供适合的肥料和养分，采取科学的施肥措施，把握好氮肥、磷肥和钾肥的使用量。

（3）化学防治　用 0.03% 的 15% 三唑酮（粉锈宁）可湿性粉剂拌种，可抑制苗期白粉病的发生。药剂防治宜在发病初期用药，在白粉病发病初期，病叶率达到 10% 时，要及时喷施 20% 三唑酮乳油 500 倍液等药剂进行防治。孕穗期至抽穗期病株率达 20% 时开始施药，可以用 30% 肟菌·戊唑醇悬浮剂 600 倍液、25% 吡唑醚菌酯乳油 750 倍液防治。小麦扬花初期用 50% 叶菌唑水分散粒剂 $225 \sim 300g/hm^2$ 兑水 $450kg/hm^2$ 均匀喷雾。在小麦白粉病迅速扩展上升期，各种药剂轮换使用，一般要连防 $2 \sim 3$ 次。

三、小麦纹枯病

小麦纹枯病是一种真菌性病害，具有土传特性，小麦整个生育期均可发病，如果不及时防治会造成小麦大幅度减产。可致一般地块减产 $10\% \sim 20\%$，严重地块可减产 50% 以上。

【症状】

小麦纹枯病主要发生在叶鞘和茎秆上，主要发生在小麦拔节前后。初期，在地表或近地表的叶鞘上产生黄褐色病斑，以后，病部逐渐扩大，颜色变深。小麦生长中期至后期，病鞘与茎秆之间或病斑表面，常产生白色霉状物，叶片逐渐失水枯黄，主茎和大分蘖不能抽穗，成为枯孕穗（图 6-27、图 6-28）。

【病原】

小麦纹枯病病原是喙角担菌，属真菌界担子菌门。其有两种形态。有性态为禾谷角担菌，担子菌亚门角担菌属；无性态为禾谷丝核菌，半知菌亚门丝核菌属。菌丝多分枝，分枝处呈直角或锐角，分枝基部稍缢缩，分枝附近有一隔膜。病菌的菌丝体常在小麦生长中后期于病部缠绕成密聚的菌核。菌核初为白色，后渐变浅黄至褐色，球形、扁圆形或不规则形，表面粗糙，上生4个担子梗，担孢子单细胞，椭圆形，基部稍尖，无色。

图6-27 小麦纹枯病前期表现症状　　图6-28 小麦纹枯病后期表现症状

【发病特点】

病菌在土壤和病残体上越冬，翌年春季萌发后成为侵染源，全生育期内都可发病。多在3叶前后出现病斑，并逐渐发展。整地不精细彻底，连茬连作，播期过晚，密度过大，施肥不合理，重氮肥轻磷钾肥，高温多雨，阴雨连绵，灌排能力不佳，除草不及时，田间郁蔽湿度大，管理粗放等条件都会导致病害高发。适宜发病的温度为12～20℃。另外，不同品种发病率也不同，因此要优选抗病品种。

【防治方法】

（1）农业防治　抓紧低洼潮湿田的改造，及时排除田间积水，降低田间湿度。实行合理轮作，减少播量，控制田间密度，改善田间通风透光条件。施用酵素菌沤制的堆肥或增施有机肥，采用配方施肥技术配合施用氮、磷、钾肥。不要偏施氮肥，可改善土壤理化性状和小麦根际微生物生态环境，促进根系发育，增强抗病力。

（2）生物防治　生物防治能降低化学农药使用量，且有助于改善土壤微生态环境，符合当前绿色植保的要求。目前通过试验研究虽已筛选出多种对小麦纹枯病病菌有抑制作用的拮抗菌株，如木霉、枯草芽孢杆菌、蜡质芽孢杆菌及绿针假单胞菌橙色亚种等，但查当前登记用于防治小麦纹枯病的生防微生物仅木霉和蜡质芽孢杆菌两种。

（3）化学防治　小麦纹枯病的防治上，把握科学、适度、无害化的原则，生产中用得较多的药剂有43%戊唑醇450g/hm² 等。需要注意的是，施用时要注意天气情况，要求施药后 3 ～ 4d 不会出现大幅度降温，以确保药剂防治的效果。此外，还要结合小麦植株的长势，如果小麦长势较弱，则建议用三唑类药剂（戊唑醇一定程度上影响细弱植株的生长）进行防治，有助于促使小麦植株基部节间延长、提高植株的抗倒伏能力。

四、小麦赤霉病

小麦赤霉病是由多种镰刀菌引起的真菌病害，对小麦为害严重，大流行年份病穗率可高达 50% ～ 80%，部分地区可致减产 30% 及以上，该病是导致小麦产量不高、不稳、品质偏差的重要因素之一。

【症状】

首先是苗腐，麦芽颜色会发生变化，随着根系一起腐烂，挖出小麦种子后可见粉红色霉层。其次是茎基腐，可见粉红色霉层。再次是秆腐病，一般小麦第 1 节与第 2 节极易发生秆腐病，叶鞘出现绿色水渍形状的斑点，病情严重时，抽出白穗或无法抽穗。若气候湿度较大，小麦表面还会出现粉红色霉层。最后是穗腐病，麦穗出现水渍褐色斑点，之后枯黄，麦穗病变部分会出现粉红色霉层，籽粒饱满度降低，个别会扩散至穗轴，之后小麦变为白穗（图 6-29、图 6-30）。

图 6-29　小麦赤霉病发病症状　　　　图 6-30　小麦赤霉病田间表现症状

【病原】

该病由多种镰刀菌引起，属于半知菌亚门真菌。优势种为禾谷镰孢，其大型分生孢子镰刀形，有隔膜 3 ～ 7 个，顶端钝圆，基部足细胞明显，单个孢子无色，聚集在一起呈粉红色黏稠状，小型孢子很少产生。有性态称玉蜀黍赤霉，属子囊菌亚门真菌。子囊壳散生或聚生于寄主组织表面，梨形，有孔口，紫红色或紫蓝色至紫黑色。

【发病特点】

小麦赤霉病的发病与小麦种植地区的环境、气候特征有非常密切的关系，空气湿度及温度水平是影响小麦赤霉病发病的重要因素，随着气温的不断提高，小麦赤霉病的发病速度也会有明显加快。如持续多日降水，湿度较大则会导致小麦种植后子囊壳成熟速度加快。病菌侵入最适温度为 20 ～ 25℃，潜育期 4 ～ 5d。在 25℃ 的适温和连续 36h 的高湿度条件下，潜育期只需要 2d，地势低洼、排水不良、黏重土壤，偏施氮肥、密度大，田间郁闭发病重。

【防治方法】

（1）农业防治　加强田间管理工作，提高水肥施加效率，并及时对田间沟渠进行清理，保证排灌条件畅通。要将秸秆彻底粉碎后再混合到种植土壤中，并在土壤中添加适量的腐熟剂，加快农作物秸秆的腐熟速度。根据土壤的含钾状况，基肥施用含钾的复合肥，一般可施含钾复合肥 15 ～ 25kg/ 亩或氯化钾 8 ～ 12kg/ 亩，以提高小麦的抗病性。在小麦品种选择上，也要选择抗病性较好的品种为主。

（2）物理防治　风除筛选法即是利用排风扇或者自然风，对小麦种子进行风扬，扬去其中较轻的病粒。水漂法是在小麦加工之前，用清水漂洗麦粒，从中漂除病粒。水浸减毒法利用了病毒的水溶性，通过淘洗和长时间浸泡实现降低病粒毒性的目的。

（3）化学防治　农业生产上多采用多菌灵、氰烯菌酯、戊唑醇、咪鲜胺及其复配剂等对小麦扬花期赤霉病进行防治。防治赤霉病一般选择对植株黏着性较强、植株表面渗透力强、药效持久的多种杀菌制剂进行混合配制，一般每亩用水量不低于15kg，每 10kg 水量添加 25% 氰烯菌酯悬浮剂 10 ～ 20mL，或 40% 戊唑·咪鲜胺水乳剂 5 ～ 6mL，或 28% 烯肟·多菌灵可湿性粉剂 12 ～ 25g。结合当地天气情况、种植小麦品种的特性及小麦的生育期等因素，第 2 轮药物喷施可在 7d 后进行。

五、小麦蚜虫

小麦蚜虫是小麦常年发生面积最大、为害最重的一种害虫，小麦蚜虫是我国小麦的重要害虫之一，其种类主要包括麦长管蚜、麦二叉蚜、禾谷缢管蚜等。一般可致减产 10% ～ 30%。蚜虫不仅造成直接为害，还传播小麦病毒病，如小麦黄矮病等。

【症状】

以成虫、若虫吸取小麦汁液为害小麦，再加上蚜虫排出的蜜露落在麦叶片上，严重地影响光合作用，造成小麦严重减产。前期为害可造成麦苗发黄，影响生长，后期为害的被害部分出现黄色小斑点，麦叶逐渐发黄，麦粒不饱满，严重时麦穗枯白，不能结实，甚至整株枯死（图 6-31、图 6-32）。

图 6-31　小麦蚜虫叶片为害状　　　图 6-32　小麦蚜虫籽粒为害状

【发生特点】

小麦蚜虫主要有麦二叉蚜和麦长管蚜。麦二叉蚜耐 30℃高温，怕湿喜干，要求湿度在 35% ～ 67%；麦长管蚜不耐高温，要求湿度在 40% ～ 80%。小麦蚜虫 1 年可发生 10 ～ 20 代。一般早播麦田，蚜虫迁入早，为害重。若前期降水多气温低，后期升温，就容易造成小麦蚜虫大暴发。小麦灌浆至乳熟期，小麦蚜虫达到繁殖高峰期。到小麦蜡熟期，产生有翅蚜并飞离麦田，在禾本科植物上继续取食并繁殖。

【防治方法】

（1）农业防治　合理布局作物，冬、春麦混种区尽量使其单一化，秋季作物尽可能种玉米和谷子等；选择一些抗虫耐病的小麦品种，形成不良的食物条件；冬麦适当晚播，实行冬灌，早春耙磨镇压，清除田边杂草，消灭蚜虫寄主植物，减少虫源；合理密植，增施基肥、追施速效肥，使麦株生长健壮，增强抗蚜能力，减轻为害。

（2）生物防治　注意保护利用天敌防治麦蚜。当田间天敌与麦蚜比大于1∶120，一般天敌可以控制其为害，当防治适期遇风雨天气时，可推迟或不进行化学防治，当百株蚜量达到防治指标，益害比小于 1∶120，应选择使用对天敌杀伤影响小的药剂，以扩大天敌利用面积，发挥天敌的控制作用。

（3）化学防治　药剂拌种建议选用高巧 600g/L 悬浮种衣剂 100g，或 70%

吡虫啉湿拌种剂 163g，拌后堆闷 6 ～ 12h 播种，兼治地下害虫。

当田间麦蚜发生量达到防治指标且益害比低于 1 ∶ 150 时，每亩用 24% 抗蚜威·吡虫啉可湿性粉剂 20g，或 5% 啶虫脒可湿性粉剂 40g，兑水 30 ～ 40kg 喷雾防治。后期穗蚜发生量大时，可用上述药剂加混高效氯氟氰菊酯（有效成分用量 0.5g/ 亩）或复配剂对水喷雾。

六、小麦吸浆虫

小麦吸浆虫是在我国小麦种植区广泛分布的一种破坏性害虫，小麦吸浆虫对小麦产量的影响是毁灭性的，一般可造成 10% ～ 30% 的减产，严重时达 70% 以上，甚至绝收。

【症状】

小麦吸浆虫幼虫是从颖壳缝隙钻入麦粒内吸食浆液的，小麦生长势和穗形大小不受影响，由于麦粒被吸空，麦秆表现直立、抗倒伏，具有"假旺盛"的长势。但随着时间的推迟，小麦会出现贪青晚熟，形成秕粒、空壳，严重影响小麦的产量和品质，另外，小麦吸浆虫个体小、隐蔽性强，直观很难发现，且突发性强，蔓延速度快，为害损失重，防治控制难（图 6-33、图 6-34）。

图 6-33　小麦吸浆虫

图 6-34　小麦吸浆虫为害症状

【发生特点】

小麦吸浆虫 1 年发生 1 代或多年完成 1 代，以末龄幼虫在土壤中结圆茧越夏或越冬；翌年当土壤 10cm 地温高于 10℃，小麦进入拔节期时，越冬幼虫破茧上升到表土层；小麦吸浆虫畏光，每头雌虫产卵 60 ～ 70 粒，成虫寿命 30 多天，卵期 5 ～ 7d。吸浆虫有多年休眠习性，遇有春旱年份有的不能破茧化蛹，休眠期可长达 12 年。吸浆虫的发生与雨水、湿度关系密切，春季 3—4 月雨水充足，利于越冬幼虫破茧上升土表，化蛹羽化、产卵及孵化。

【防治方法】

（1）农业防治　要因地制宜进行小麦品种抗虫性鉴定，选择穗形紧密、内外颖缘毛长而密、麦粒皮厚、灌浆速度快的品种。小麦吸浆虫严重发生区，在缺乏抗虫品种的条件下，将小麦田改种油菜、棉花、甘薯等作物。麦收后及时浅耕曝晒 2 ～ 3d，使刚入土的幼虫在高温干燥条件下死亡。秋季实行深翻，破坏小麦吸浆虫稳定的土壤环境，播种前施足底肥，避免春季施肥；冬季进行灌溉，春季在不影响小麦生长的情况下，尽量不要灌水。

（2）化学防治　蛹期和成虫期是吸浆虫防治的 2 个关键期。中蛹期撒毒土，吸浆虫蛹在地表不吃不动，用 5% 毒死蜱颗粒剂 0.5 ～ 0.75kg，拌细土 11kg 配成毒土，沿着麦垄均匀地撒在麦田地表，撒毒土后及时浇水可提高药效。撒毒土应在上午 10:00 以后麦田没有露水的时候进行，并利用扫帚、树枝等尽快弹落黏附在麦叶上的毒土。成虫羽化初期喷药，每亩用 4.5% 高效氯氰菊酯乳油 50mL 兑水 30kg。虫害发生严重的，隔 3d 再喷 1 次，喷药时应使小麦整株着药。

第三节　玉米主要病虫害的识别与防治

一、玉米大斑病

玉米大斑病是玉米产区叶部的普遍病害之一，为害着各个玉米主产区。近年来由于气候、重茬种植等因素，国内玉米大斑病发生严重。玉米大斑病大发生的年份，一般造成玉米减产 20% 左右，严重时甚至会减产一半以上。

【症状】

病斑初期由几个小斑点相连，后逐渐形成较大的不规则枯斑，发病严重时，叶片呈焦枯状，此时及时防治，尚具有一定的防治效果，后期病斑常发生纵裂，导致叶片枯黄坏死。空气湿度较大时，病斑上会产生黑色霉层，该霉层为大斑病的病斑原孢子，将沿着玉米叶片脉络向叶根部蔓延，表现为褐色的坏死痕迹，周边产生褪绿圈。大斑病发生最严重时，会在叶鞘苞叶、花柱头和雄花颖苞上产生黑色霉层，此时防治效果较差（图 6-35、图 6-36）。

图 6-35　玉米大斑病叶片受害症状　　　图 6-36　玉米大斑病田间表现症状

【病原】

玉米大斑病病原为大斑病凸脐蠕孢，属半知菌亚门、丝孢目、凸脐蠕孢属。分生孢子梗从气孔长出，青褐色，单生或 2～6 根丛生，不分枝，直立或上部有屈膝状弯曲。分生孢子 1 至数个顶生，初无色，后变褐绿色，纺锤形，直或向一侧弯曲，多数 4～7 个隔膜。子囊圆筒形或棍棒形，有短柄，一般含子囊孢子 2～4 个，也有 1～6 个。成熟的子囊孢子无色，纺锤形，直或弯曲，3 个隔膜，隔膜处有缢缩。

【发病特点】

玉米大斑病是以分生孢子依附在病株或菌丝潜伏在玉米植株内过冬。科学的间作套种有助于改善土壤条件，便于通风透光，降低湿度，抑制病害发生。孢子萌发适宜温度为 22～25℃，湿度 90%。育苗移栽玉米，由于植株矮，生长健壮，生育期提前，因而比同期直播玉米发病轻。密植玉米田间湿度大，比稀植玉米发病重。肥沃地病轻，瘠薄地病重。追肥病轻，不追肥病重。离村边或玉米秸秆垛近的和地势低洼的玉米地发病重。

【防治方法】

（1）农业防治　播种时应该与大斑病的发病和发展高峰期错过，采取早播种的方式。玉米生长过程中要满足玉米不同生长过程中对肥料的需求，提高玉米生长过程中对大斑病的预防功能。合理密植，提高玉米田地的通风效果和透光效果，有利于提高玉米的抗大斑病能力。对玉米进行合理的轮作和深翻，及时处理掉玉米残体，有效预防大斑病的发生。对玉米进行合理浇水，降低玉米间的湿度，以免为玉米大斑病的传播提供有利条件。

（2）化学防治　玉米叶心末期阶段或是发生病变阶段，可选用化学药物进行防治，间隔 10d 防治 1 次，20～30d 作为 1 个周期。药剂可选用浓度为

50% 的好速净可湿性粉剂 1 000 倍液、浓度为 80% 的速可净可湿性粉剂 1 000 倍液、浓度为 50% 的甲基硫菌灵可湿性粉剂 600 倍液、浓度为 50% 的多菌灵可湿性粉剂 $1.5kg/hm^2$、浓度为 75% 的百菌清可湿性粉剂 $1.5kg/hm^2$。

二、玉米小斑病

玉米小斑病又称玉米斑点病，常和大斑病同时出现或混合侵染，国内各玉米产区均有发生，爆发时可导致减产 15% ~ 20%。

【症状】

玉米整个生育期均可发病，但以抽雄期、灌浆期发生较多。主要为害叶片，有时也可为害叶鞘、苞叶和果穗。苗期染病初在叶面上产生小病斑，周围或两端具褐色水浸状区域，病斑多时融合在一起，叶片迅速死亡。在染病品种上，病斑为椭圆形或纺锤形，不受叶脉限制，灰色至黄褐色，病斑边缘褐色或边缘不明显，后期略有轮纹。多数病斑连片，病叶变黄枯死。果穗染病部生不规则的灰黑色霉区，严重的果穗腐烂，种子发黑霉变（图 6-37、图 6-38）。

图 6-37　玉米小斑病叶片受害症状　　　　图 6-38　玉米小斑病田间表现症状

【病原】

玉米小斑病病原菌属半知菌类、丛梗孢目、暗色孢科、长蠕孢属，有 3 个生理小种，具细胞质专化性。子囊孢子长线形，彼此在子囊里缠绕成螺旋状，有隔膜，分生孢子梗及分生细胞均长出芽管。营养菌丝无隔，无假枝和匍匐枝，能在基物上或基物内迅速蔓延。玉米小斑病菌可为害谷子、玉米等，但在不同寄主上的病菌存在生理专化现象，有不同的生理小种。

【发病特点】

分生孢子可借助风雨、气流传播，侵染玉米，在病株上产生分生孢子进行再次侵染。发病适宜温度为 26 ~ 29℃，产生孢子的最适温度为 23 ~ 25℃。分生孢子在 24℃温度条件下，1h 即可萌发，遇充足水分或高温条件，病情将迅速扩展。玉米孕穗、抽穗期如遇持续降水、湿度高的天气，易造成小斑病的流行，其中低洼地、过于密植荫蔽地以及连作田发病较重。

【防治方法】

（1）农业防治　因地制宜推广抗病杂交高产品种，可有效减轻小斑病的发生危害。清洁田园，深翻土地，控制菌源。春玉米收获后最好不种植夏玉米，尽量避免春玉米收获遗留的田间病残体上产生的分生孢子继续向夏玉米传播。适期早播，合理套种，合理密植，科学施肥，施足基肥，增施磷、钾肥，在拔节及抽穗期施复合肥，促进植株健壮生长，提高植株抗病力；摘除老叶、病叶，减少再侵染菌源；大雨过后及时清沟排水，降低田间湿度。

（2）化学防治　一般在玉米抽雄前后，当田间病株率达 70%、病叶率 20% 左右时，开始喷药。发病初期及时喷药，喷药前先摘除底部病叶，可用 50% 多菌灵可湿性粉剂 500 倍液，或 75% 百菌清可湿性粉剂 800 倍液，或 40% 克瘟散乳油 800 ~ 1 000 倍液，或 65% 代森锰锌可湿性粉剂 500 ~ 800 倍液，或 80% 甲基托布津 800 ~ 1 000 倍液喷雾。从心叶末期至抽雄期，每 7d 喷 1 次，连续喷 2 ~ 3 次，对控制小斑病情有较好的效果。若喷后 24h 内遇雨，应当在雨后立即补喷。

三、玉米灰斑病

灰斑病也叫霉斑病，会对玉米的生长发育产生威胁，也会威胁高粱、香茅以及须芒草等作物。随着种植面积的不断扩大，玉米灰斑病发生频繁，为害严重。

【症状】

玉米灰斑病主要发生在成株期的叶片上，也侵染叶鞘和苞叶。发病初期，病斑椭圆形至矩圆形，灰色至浅褐色，后扩展成灰色、灰褐色长条形病斑，一般病斑与叶脉平行，湿度大时，病斑背面生出灰色霉状物。发生严重时，病斑汇合连片，叶片枯死，通常在叶片两面产生灰色霉层，以叶片背面产生最多。玉米灰斑病一般从下部叶片开始发生，逐渐向上扩展，最后导致叶片干枯，严重降低光合作用，导致减产（图 6-39、图 6-40）。

图 6-39　玉米灰斑病叶片受害症状　　　图 6-40　玉米灰斑病田间表现症状

【病原】

病原真菌是玉米尾孢、高粱尾孢。分生孢子梗密生，浅褐色，顶部屈曲，分生孢子无色。分生孢子倒棍棒形，下端较直或稍弯曲，无色，1～8 个隔膜，多数 3～5 个隔膜，孢脐明显，顶端较细稍钝，有的顶端较尖。分生孢子梗单生或丛生，一般 3～10 个，暗褐色，粗细一致，1～4 个隔膜，多数 1～2 个隔膜，常呈曲膝状，1～3 个膝状节，上着生分生孢子，具孢痕，分生孢子梗无分枝。

【发病特点】

玉米灰斑病是一种与温湿度关系极为密切的病害，属于偏高温高湿类型病害，在温湿度条件不能得到满足时，病害就难以完成侵染发病。病菌接种侵入的最佳温度为 25℃ 左右，在温度低于 15℃、高于 30℃ 时均不利于病菌侵染；在相对湿度为 100% 和叶片表面有水滴的条件下，病菌侵染玉米的发病程度明显提高，在水滴条件下病菌最易侵染；在一定光照强度范围内，光对病菌侵染的影响不显著，但光暗交替更利于寄主发病。

【防治方法】

（1）农业防治　因地制宜选用抗病品种，生产上应注意品种的合理布局和轮换，阻止病菌优势小种的形成，保持品种抗病性的相对持久和稳定。玉米灰斑病主要发生在玉米生长后期，适时早播可有效降低灰斑病对玉米生长的为害，减少产量的损失。

清除病源。玉米收获后，及时清除玉米秸秆等病残体，减少田间初侵源；畜厩肥要堆沤使其充分腐熟后才能施入土壤，要创造条件进行水旱轮作或与其他科作物轮作。人为控制田间湿度在低洼高湿地块要开沟排水，达到雨后田间无积水，是防病的重要措施。

合理的密植可以改善田间通风透光条件，促使玉米健壮生长，提高抗病能力。此外采用间套作种植方式可以改善田间小气候，降低田间的相对湿度，从而降低玉米灰斑病的为害程度。合理施肥以基肥为主，追肥为辅，穗肥作补充。合理施肥，促进玉米健壮生长，增强植株抗病能力。

（2）化学防治　大喇叭口期、抽雄期、灌浆初期为药剂防治的最佳时期。大喇叭口期可用 10% 苯醚甲环唑 1 500 倍液或 25% 丙环唑 3 000 倍液喷雾防治，10～15d 喷 1 次，注意交替用药；也可选用 75% 百菌清可湿性粉剂 500 倍液、25% 苯醚甲环唑乳油等喷雾防治，隔 10d 防治 1 次，连防 2～3 次。首次喷药时最好先摘除下部 2～3 片病叶，自下而上喷施。玉米抽雄期、灌浆初期可用 80% 代森锰锌 500 倍液或 50% 多菌灵可湿性粉剂 800 倍液喷雾防治，隔 7～10d 喷 1 次，连喷 2 次，效果较好。

四、玉米丝黑穗病

玉米丝黑穗病又称玉米乌米，是世界性重要的玉米病害。玉米丝黑穗病有逐年加重的趋势。平均发病率 10%～20%，严重地块可达 70%～80%。使玉米产量受到很大影响。

【症状】

玉米丝黑穗病菌一般在苗期侵入，穗期表现典型症状。主要为害雌穗和雄穗，幼苗分蘖增多呈丛生形，植株节间缩短矮化。果穗较短，基部粗，顶端尖，近球形，不吐花丝，整个果穗变成一个灰包，内部充满黑粉。有的苞叶变窄簇生畸形，长短不一，呈刺猬状。雄穗花序被害时，全部或部分雄花变成黑粉（图 6-41、图 6-42）。

图 6-41　玉米丝黑穗病雌穗症状　　　　图 6-42　玉米丝黑穗病田间表现症状

【病原】

丝黑穗病菌属担子菌纲黑粉菌目黑粉菌科轴黑粉病属。此菌厚垣孢子圆形或近圆形，黄褐色至紫褐色，表面有刺。孢子群中混有不孕细胞。厚垣孢子萌发产生分隔的担子，侧生担孢子，担孢子可芽殖产生次生担孢子。厚垣孢子萌发适温是 27 ~ 31℃，低于 17℃，或高于 32.5℃不能萌发。厚垣孢子从孢子堆中散落后，不能立即萌发，必须经过秋、冬、春长时间感温的过程，使其后熟，方可萌发。

【发病特点】

玉米丝黑穗病病菌以土中、混入粪肥或黏附在种子表面的冬孢子越冬，成为翌年的初侵染源。种子带菌是远距离传播的重要途径，但传病作用低于土壤和粪肥。玉米种植至出苗期间的土壤温、湿度条件与发病关系最为密切，一般在土壤温度 20℃左右，土壤含水量 20% ~ 40% 时玉米发芽生长迅速，减少了病菌感染的机会，发病就轻。早播和播种过深、种植感病品种、连作地块土壤病菌数量大、春季低温干旱年份玉米丝黑穗病发病重。

【防治方法】

（1）农业防治　要重视对于玉米品种的选择，选用抗病品种能够提高玉米自身对病原菌的抗性。种植玉米时应采用精细耕作方式，为幼苗出土创造更为有利的条件。同时，还应针对玉米种植土壤进行翻耙作业，以及时将真菌埋入土壤底层，降低真菌的侵染概率。但当土壤中存在大量的真菌时，及时预防效果并不明显，在冬孢子成熟之前，做好病株的割除工作，促进幼苗的加快生长，增强病株的抵抗能力。除此之外，种植人员还应根据当地土质情况确保合理的种植深度，浅播可以预防玉米丝黑穗病，因此种植人员一般采用浅播种植方式。

拔除病株减少菌量，根据苗期的发病症状，结合定苗和田间除草及时铲除病苗或可疑病株。在植株病症显现后，病穗未开裂散出冬孢子之前，及时铲除病株或病穗，并携出田外集中掩埋。切忌让病菌散落于田间增加田间菌量，造成第二年病害严重发生。

（2）化学防治　预防玉米丝黑穗病采用种子播前药剂处理，不仅能杀死种子表面的病菌，对接近种子土壤中的病菌也有一定的抑制作用。防治玉米丝黑穗病最有效的药剂是戊唑醇，含有戊唑醇成分的种衣剂均能有效预防玉米丝黑穗病，仅含有克百威、福美双、多菌灵的种衣剂对玉米丝黑穗病的防效较差。用 60g/L 戊唑醇种子处理悬浮剂 0.1 ~ 0.2kg 加水稀释后拌玉米种子 100kg，将拌好的种子放在通风阴凉处阴干后播种。

五、玉米瘤黑粉病

瘤黑粉病是玉米的主要病害之一，为局部侵染性病害，可重复侵染，该病分布广泛，造成玉米大幅减产。玉米果穗以下茎秆发病，可造成减产20%左右；玉米果穗以上茎秆发病，减产约40%；玉米果穗上下部茎秆都发病，减产可达60%；如果玉米果穗发病，减产可高达80%左右。

【症状】

玉米瘤黑粉病最初的病瘤外表是呈白色或灰白色，这主要是因为其表面覆盖了一层薄膜，内部也是白色，但是呈现一种肉质感，然后逐渐地转变为黑色，整个玉米瘤内部充满了黑粉，当整个外面的薄膜破裂之后，这些黑粉就会在四周飘散，而周围的玉米组织一旦被侵染后，就会受到这种病原菌的侵染，最后逐渐变得肿大长成菌瘤，菌瘤大小和形状各有不同，玉米瘤黑粉病会导致玉米雌穗变成黑粉，雄穗则会形成袋状肿瘤，其中充满黑粉（图6-43、图6-44）。

图 6-43　玉米瘤黑粉病雌穗症状　　　　图 6-44　玉米瘤黑粉病雄穗症状

【病原】

玉米瘤黑粉病为真菌性病害，病原菌属于担子菌亚门黑粉菌目玉米黑粉菌属。冬孢子为球形至卵形，直径为 2 ～ 8μm，暗褐色或浅橄榄色，厚壁，表面有细刺状突起。冬孢子萌发产生 4 个无色纺锤形的担孢子。

【发病特点】

病原菌主要以冬孢子在土壤中或在病株残体上越冬，成为翌年的侵染菌源。瘤黑粉病菌的冬孢子、担孢子可随气流和雨水分散传播，也可以被昆虫携带而传播。冬孢子没有明显的休眠现象，萌发的适温为 26 ～ 30℃，在水滴中或在 98% ～ 100% 的相对湿度下都可以萌发。玉米生长中干湿交替，暴风雨或害虫造成伤口，病田连作，不及时清除病残体，施用未腐熟农家肥，种植密度过大，偏施氮肥，通风透光不良，有利于病原菌侵染发病。

【防治方法】

（1）种植抗病品种　因地制宜选用优质、高产、抗病品种或抗瘤黑粉病的杂交种，是防治玉米瘤黑粉病最经济，也是最有效的措施。应积极选育抗病良种，不断加强品种抗病性鉴定工作，压缩或淘汰一些易感病品种，最大程度地推广抗病品种，提高种植区内的玉米品种对瘤黑粉病的免疫力。

（2）农业防治　结合田间管理，在病瘤未变色或未破裂散发前进行人工摘除，带出田外集中深埋或焚烧销毁；秋季深翻整地，把地面上的菌源深埋地下，促进病残体腐烂；避免用病株病土沤肥，施用腐熟的有机肥，避免堆肥、厩肥带菌。轮作倒茬，合理密植，均衡施肥，科学灌溉、增加光照，增强植株的抗逆性。加强玉米螟、棉铃虫等害虫的防治，减少虫伤口和耕作机械损伤，避免伤口感染，均可减轻病害。

（3）化学防治　使用 50% 福美双可湿性粉剂 500g 拌玉米种子 100kg；3% 苯醚甲环唑悬浮种衣剂 200 ～ 300g 拌玉米种子 100kg；2% 戊唑醇湿拌种剂 100 ～ 150g 拌玉米种子 100kg。玉米在播种至出苗前，选用 15% 三唑酮可湿性粉剂 750 ～ 1 000 倍液，或 10% 苯醚甲环唑水分散粒剂 2 000 ～ 2 500 倍液，或 50% 克菌丹可湿性粉剂 200 倍液等，进行地表喷雾封闭。在玉米抽雄前或肿瘤未出现前采取三唑酮、戊唑醇、烯唑醇、苯醚甲环唑、克菌丹等杀菌剂进行喷雾防治，同时兼治其他病害。

六、玉米粗缩病

玉米粗缩病是一种世界性的病毒性玉米病害，以带毒灰飞虱传播病毒，是中国玉米产区的主要病害之一，亦是中国北方玉米生产区流行的重要病害，该病害具有毁灭性。一般田块产量损失 40% ～ 50%，发病较重的田块产量损失在 80% 以上，严重的田块几乎毁种绝收。

【症状】

玉米粗缩病在玉米的全生育时期都可能发生，但发病主要是在苗期感染之后引起病害发生。玉米苗期感染粗缩病病毒之后，玉米幼苗较正常植株明显生长缓慢、叶片深绿，叶片出现僵直的生长情景，受到病毒侵染的叶片，叶片背面的叶脉有明显的条状突起，刚开始的条状突起是白色的，随着时间推移、病情发展，叶脉会逐渐变成黑色。玉米一旦患上粗缩病，就会引起玉米根系的数量减少，导致玉米立地困难，病株容易从土壤中拔出（图6-45、图6-46）。

图 6-45　玉米粗缩病为害症状　　　　　图 6-46　玉米粗缩病田间表现症状

【病原】

玉米粗缩病是由玉米粗缩病毒引起的，病毒粒体为球状，20℃可存活37d左右。

【发病特点】

玉米粗缩病是由灰飞虱以持久性方式传播，飞虱一旦得毒便终生带毒。该病毒可在冬小麦、多年生禾草及传毒介体上越冬。春季第1代灰飞虱成虫在越冬寄主上取食得毒，并陆续从小麦向玉米上迁移，小麦收获期间形成迁飞高峰。感病品种种植面积大，种子及土壤中残留寄生病源，田间湿度大，温度在20～35℃，灰飞虱虫口密度大时，病情加重发生，且有传染蔓延趋势。水肥不足，有机肥施入偏少，植株生长不良，免疫力减弱，也有利于发病。

【防治方法】

（1）种植抗病品种　是防治粗缩病最简单、经济的有效方法。要根据本地条件，选抗性相对较好的品种，同时要注意合理布局，避免单一抗原品种的大面积种植。

（2）农业防治　可结合定苗将大田里染病的植株及时拔除掉，并集中运出进行统一烧毁。通过合理水肥，促进玉米生长发育，使染病期缩短，遏制病毒的发生与发展。同时要及时对田间杂草进行清除，可以先通过人工的方式进行除草，然后再喷施药剂，这样能够使杂草的去除效果达到96%以上。随着杂草的去除，能够使灰飞虱的活动空间缩小，从而达到减轻病毒传播的目的。

（3）化学防治　玉米播种前，用10%吡虫啉可湿性粉剂15g，兑水6kg，浸泡玉米种5kg，时间为24h，然后晾干后即可播种，起到防治玉米苗期灰飞虱的作用。消灭灰飞虱还可以使用10%吡虫啉40g加20%异丙戊乳油1.50mL，兑水40kg喷雾，每5～7d喷药1次，做到杀虫药与杀病毒药物有机结合。如果已经发生玉米粗缩病，可用50%灭菌成可湿性粉剂60g，加叶面肥，兑水50kg喷雾，起到缓解病情、钝化病毒的辅助治疗作用。

七、玉米茎腐病

玉米茎腐病又叫青枯病、玉米茎基腐病，主要为害玉米的根部和茎基。引起玉米茎腐病的病原菌有真菌类和细菌类两类，一般发病地块减产10%～30%，严重发病地块减产40%以上。

【症状】

在我国，玉米茎腐病的叶片症状主要变现为青黄枯型、青枯型和黄枯型3种表现形式，后两种较为常见。青枯型也称急性型，当品种易感病或环境条件有利于发病时则易表现为青枯，病发后从下至上迅速枯死，表面呈灰绿色，水烫状或霜打状，显症历程较短。黄枯型又称慢性型，当环境条件不利于发病或选取品种较为抗病时通常表现为黄枯型，病发后叶片从下至上逐渐黄枯，显症历程较长（图6-47、图6-48）。

图6-47　玉米真菌性茎腐病田间表现症状　　图6-48　玉米细菌性

茎腐病受害植株

【病原】

玉米茎腐病的种类分为真菌性茎腐病和细菌性茎腐病。以真菌性茎腐病称为茎基腐病、青枯病，属于侵染性病害，以禾谷镰孢菌和串珠镰孢菌为主，常常以单独、复合共同侵染玉米根系、茎基部腐烂而显现出病害特征。细菌性玉米茎腐病的主要病原菌为菊欧文氏菌玉米致病变种或胡萝卜软腐欧文氏菌玉米专化型。此外，也有报道称该病害的病原菌为假单胞杆菌和成团泛菌。

【发病特点】

病菌可能在土壤中病残体上越冬，翌年从植株的气孔或伤口侵入。玉米约 60cm 高时组织柔嫩易发病，害虫为害造成的伤口利于病菌侵入。此外害虫携带病菌同时起到传播和接种的作用，如玉米螟、棉铃虫等虫口数量大则发病重。高温高湿利于发病，均温 30℃左右，相对湿度高于 70% 即可发病，均温 34℃，相对湿度 80% 扩展迅速。地势低洼或排水不良，密度过大，通风不良，施用氮肥过多，伤口多发病重。

【防治方法】

（1）选用抗病品种 一般选用植株高矮适宜，叶片较厚，蜡质较多的高产品种。根据地块情况，因地制宜选用不同的抗病品种，可直接减轻发病，减少土壤中病原细菌的积累，减轻下年的玉米发病。

（2）农业防治 轮作倒茬，实行玉米与其他非寄主作物轮作，防止土壤病原菌积累。玉米收获后，及时清除田间带病植株及残叶，集中销毁，可大幅度减少病原菌的积累，减少翌年侵染来源。茎腐病发病重的田块严禁秸秆还田。及时抗旱排涝，有利于减轻病害的发生。采用配方施肥技术，在增施有机肥的基础上控制氮肥用量、增施磷钾肥，使氮、磷、钾配比合理，提高植株抗逆性。田间郁闭、通风透光不良会加重病情，因而要合理密植，改善农田小气候，创造良好的生长环境。

（3）生物防治 在播种前，用激抗菌 2.25kg/hm^2 加适量水进行拌种；或者用生物钾肥 15kg/hm^2 加适量水拌种；或用木霉菌穴施配合细菌拌种；或者用复合细胞分离素 200 倍稀释液浸种。

（4）化学防治 防治玉米茎腐病应在玉米发病初期防治效果较好，可选用 65% 代森锰锌 500 倍液，20% 三唑酮乳油 3 000 倍液或是 70% 百菌清可湿性粉剂 800 倍液，喷雾均可有效防治玉米茎腐病。灌水采用滴灌时可施用多菌灵和戊唑醇对玉米茎腐病可起到有效防治效果。采用多菌灵等杀菌剂对玉米种子进行包衣或拌种或用 50% 辛硫磷乳油、20% 呋福、30% 氯氰菊酯等对玉米种子进行拌种，避免害虫啃食，降低病原菌侵染玉米根茎的可能性。

八、玉米螟

玉米螟是一种常见虫害，在全国各地玉米种植区域都有发生，是玉米生长过程中的常见害虫，为害极大，若不能快速控制，极易导致玉米减产甚至绝收。

【症状】

玉米螟幼虫阶段在新叶当中采集幼嫩的叶子，造成新叶生长出来之后，在叶片上出现花叶和一连排的虫孔。被为害的叶片不能正常展开，严重的雄穗不能正常抽出。当玉米进入穗期之后，幼虫开始为害花丝，雌穗被为害之后，造成花丝断裂，一部分的幼虫会注入雌穗当中，为害玉米籽粒，造成玉米破损、缺粒、严重霉变。为害茎秆会造成茎秆组织破坏，影响养分输送，严重地会影响雌穗的正常发育，籽粒不能正常灌浆，瘪粒显著增多（图6-49、图6-50）。

图 6-49　玉米螟幼虫　　　　　　图 6-50　叶片受害症状

【发生特点】

玉米螟以1年中的最后1代老熟幼虫在玉米秸秆、穗轴或根茬中越冬为主，在玉米秸秆中越冬居多。越冬后的幼虫春季化蛹，羽化后飞到田间产卵，产生当年第1代玉米螟。一般幼虫越冬虫口量大的年份，翌年田间卵量和作物被害率均较高。玉米螟各虫态适宜生长的温度在15～30℃，平均相对湿度在60%以上。成虫羽化和幼虫孵化期遇暴雨，空气湿度过大或气温较低则可引起虫口大量死亡而减轻为害。

【防治方法】

（1）农业防治　在春季玉米螟越冬幼虫化蛹、羽化前通过碾压、焚烧等模式，来处理问题秸秆，降低虫口基数。选择抗螟玉米品种。研究分析发现，一些玉米品种具有明显的抗虫性特点，这是因为某些玉米植株含有抗螟素，能够抑制初龄幼虫的发育，在源头上很好应对螟虫生长的问题。修改玉米耕作的制度，将春季播种改为夏季播种，又或者直接压缩春季玉米播种的面积，有效切断一代玉米螟食料的来源，从而达到断代的作用。

（2）物理防治　由于玉米螟本身具有一定趋光性，因此建议在玉米种植田间放置黑光灯以达到诱杀效果。将功率为 20 W 的黑光灯布设在开阔的玉米田内，每 3.33hm^2 放置一盏灯，确保其在田地间排布的均匀性。将开灯时间点设置为日落，并在日出统一关灯（建议同时布设光感自动控制系统）。

（3）性诱剂诱杀　利用性诱剂将玉米螟吸引到专用的捕杀器中，从而实现对害虫的诱杀。性诱剂的诱杀原理是通过清除部分雄性玉米螟，从而影响玉米螟的性别比例，达到消灭玉米螟的目的。一般情况下，选择在玉米螟成虫羽化阶段，在大田周边每隔 20m 悬挂 1 个玉米螟性诱剂捕杀器。为提高性诱剂诱杀质量，需按照性诱剂的使用有效期，及时更换诱芯。

（4）生物防治　利用松毛虫赤眼蜂在玉米螟卵寄生的特点，针对玉米螟卵进行良好的破坏，从而有效降低玉米螟幼虫的孵化效果，这样将尽可能地减少了玉米螟的出现。在下雨之前的晴天释放赤眼蜂，将能使赤眼蜂大面积出现在玉米种植区域，促进防治工作效果的良好提升。

（5）化学防治　玉米大喇叭口期，可用 10% 氟虫双酰胺·阿维菌素 375 ～ 450mL/hm^2 喷施或滴心，也可用 40% 氯虫·噻虫嗪 150g/hm^2、20% 氯虫苯甲酰胺 150g/hm^2、5% 氯虫苯甲酰胺 150g/hm^2 喷施，药效期可达 30d，能有效防治玉米螟。从控制成本的角度出发，玉米抽雄初期（雄穗抽出 5% ～ 10%）每 100 株卵块累计超过 30 块时，可叶面喷施 2.5% 功夫 300mL/hm^2，或 2.5% 敌杀死 300mL/hm^2，或 10% 氯氰菊酯 225mL/hm^2 等药剂。

九、二点委夜蛾

二点委夜蛾，是玉米田的主要害虫之一，严重的造成植株枯死，如不及时防控，将会严重威胁玉米生产。

【症状】

二点委夜蛾幼虫为害主要形式是从玉米幼苗茎基部钻蛀到茎心后向上取食，形成圆形或椭圆形孔洞，钻蛀较深切断生长点时，心叶失水萎蔫，形成枯心苗；严重时直接蛀断，整株死亡；或取食玉米气生根系，造成玉米苗倾斜或侧倒。该虫咬食的断面不整齐，咬断的玉米苗大多表皮相连（图 6-51、图 6-52）。

图 6-51　二点委夜蛾幼虫为害症状　　　　图 6-52　二点委夜蛾成虫

【发生特点】

成虫昼伏夜出，白天隐藏在麦秸、枯草下，玉米叶背面、土缝间，夜间活动。成虫喜于小麦秸秆较多的玉米田活动，将卵散产于小麦秸秆上、小麦秸秆下的土表、玉米苗基部和附近土壤。幼虫喜欢阴暗潮湿的环境，畏强光，常躲在玉米幼苗周围的碎麦秸下或在 2 ～ 5cm 的表土层为害。以作茧后的老熟幼虫越冬，少数未作茧的老熟幼虫及蛹也能顺利越冬。

【防治方法】

（1）农业防治　夏玉米主产区小麦普遍采用机械收获，麦糠、秸秆还田在 90% 以上，田间麦糠和秸秆量大、覆盖厚，为二点委夜蛾成虫产卵和幼虫发育提供了适宜环境。因此，小麦收获后采取灭茬或旋耕播种，减少田间地表小麦秸秆覆盖度，破坏二点委夜蛾适生环境；玉米出苗后及时清理田间杂草或秸秆，使玉米苗茎基部裸露出来，破坏适宜二点委夜蛾生存的环境，以减少成虫产卵。对已经倒伏的玉米苗，在防治害虫的同时需及时培土扶苗，以促其恢复生长。

（2）物理防治　二点委夜蛾具有一定的趋光性和趋化性，成虫高发期，可在田间悬挂杀虫灯或糖醋液杨树枝把诱杀。

（3）化学防治　在早晨，用 48% 毒死蜱乳油 500g 药剂拌入 25kg 细土，顺垄撒在玉米苗边，注意毒土不能撒在玉米植株上。在傍晚，亩用 4 ～ 5kg 炒香的麦麸或粉碎后炒香的棉籽饼，拌入兑少量水的 48% 毒死蜱乳油 500g，制成毒饵，顺垄撒在玉米苗边，不能撒到玉米上。用 2.5% 高效氯氟氰菊酯乳油 2 500 倍液等喷雾灌根，逐株顺茎滴药液，每株 50mL 药液，保证渗到玉米根围30cm左右害虫藏匿的地方。玉米播种后，每亩随水浇灌毒死蜱乳油1kg，可有效防治玉米田二点委夜蛾。

十、玉米蚜虫

近几年随着农田生态环境的变化及气候条件的影响，夏玉米蚜虫为害越来越严重，受害玉米轻则减产5%～10%，重则减产20%以上。

【症状】

玉米蚜虫苗期群集于叶片背部和心叶造成为害。轻者造成玉米生长不良，严重受害时，植物生长停滞，甚至死苗。此外还能传播玉米矮化叶病毒病，造成不同程度的减产。孕穗期多密集在剑叶内和叶鞘上为害，边吸食玉米汁液，边排泄大量蜜露，覆盖叶面上的蜜露影响光合作用，易引起霉菌寄生，被害植株长势衰落，发育不良，产量下降。玉米蚜虫为害高峰期是在玉米孕穗期，影响光合作用和授粉率，造成空秆，干旱年份为害损失更大（图6-53、图6-54）。

图6-53　玉米蚜虫前期为害症状　　　　图6-54　玉米蚜虫后期为害症状

【发生特点】

玉米蚜虫冬季以成、若蚜在禾本科植物的心叶、叶鞘内或根际处越冬。玉米蚜虫发育和繁殖的适宜温度为23～28℃，相对湿度为60%～80%，玉米处于抽雄扬花期，是玉米蚜虫发生最适宜的时期，而暴雨的发生对蚜虫的生长繁殖有一定的抑制作用。杂草发生较重的玉米田蚜虫为害较为严重。玉米天敌主要有蜘蛛类、瓢虫类、食蚜蝇、草蛉和蚜茧蜂等，天敌数量大时可以抑制玉米蚜虫数量的增长。

【防治方法】

（1）农业防治 在玉米种植之前，应彻底清除田间及地头的杂草，切记要妥善处理清除的杂草。深耕种植地，减少虫害发生的虫源。在玉米田间管理过程中，必须确保玉米生长的环境，保持良好的通风，及时清理玉米周围的杂草。做好玉米的施肥工作，增施有机肥，合理施用氮肥和磷肥，能对植株的健康生长起到促进作用，减少蚜虫所带来的为害。

（2）生物防治 当玉米产生蚜虫的时候，在玉米田地中投放蜘蛛或者七星瓢虫，对蚜虫进行消灭，能有效地保证玉米的产量。除此之外，生物农药能对害虫造成危害，减少害虫的数量，避免其对玉米造成为害。

（3）化学防治 利用种子包衣不但能防治蛴螬、蝼蛄、金针虫等地下害虫，而且可以预防玉米苗期的蚜虫，还能促进植株生长发育，增产增收。每亩用40%氧化乐果乳油50mL，兑水500 L稀释后，拌15kg细沙土，在玉米蚜虫初发阶段均匀撒在植株的心叶上，每株1g，可兼治蓟马、玉米螟、黏虫等。当百株玉米蚜量达到2 000头，有蚜株率50%以上时，可用进行50%抗蚜威3 000倍液；1.8%阿维菌素2 000倍液；10%吡虫啉1 000倍液；4.5%高效氯氰菊酯2 000倍液喷雾或灌心。

十一、玉米旋心虫

玉米旋心虫俗称蛀虫，为鞘翅目叶甲科昆虫，主要以幼虫为害玉米、高粱等作物。

【症状】

玉米旋心虫幼虫从玉米根茎基部蛀入玉米植株茎内开始为害，蛀食的孔洞呈圆形或长条状裂痕，颜色为褐色；玉米的中上部叶片逐渐表现出黄绿条纹，而玉米生长点遭受为害引起玉米植株矮化，叶片出现丛生的现象。玉米6～8叶期时遭受玉米旋心，为害最为严重，造成个别叶片出现排孔或蜷曲的现象，心叶则出现萎蔫的症状。玉米旋心虫转移顺垄为害；当玉米植株表现出明显症状时，玉米旋心虫已经转移，从而难以发现虫体（图6-55、图6-56）。

【发生特点】

玉米旋心虫以卵在地下越冬，幼虫为害玉米幼苗，有转株为害习性。成虫白天飞翔活动，晚上爬在玉米株上，有假死习性。重茬连作玉米田发生重，夏玉米受害重于春玉米。低洼池、沙土地、晚播田及多年重茬旋耕田受害重。

图 6-55　玉米旋心虫为害症状　　　　图 6-56　玉米旋心虫田间表现症状

【防治方法】

（1）农业防治　实行轮作。由于生产实践中发现低洼地、沙土地、晚播田及多年重茬旋耕田受害严重，所以应实行轮作倒茬，避免重茬。清除田间杂草。上年发生虫害严重的地块，可将整地玉米根茬捡出集中处理，破坏越冬场所，降低虫源基数。选用抗虫品种。提高耕作和栽培技术，达到控制虫卵的目的。因地制宜，改变作物的布局，减少虫害。植树造林，改变农区小气候，破坏旋心虫产卵繁殖的适生场所。

（2）化学防治　在旋心虫为害初期，用农用链霉素 500 倍液 + 毒死蜱 400 倍液 + 适量高氮叶面肥 + 生根剂喷苗茎基部，要喷湿根周围的土壤。在 18:00—19:00 喷施最好，5 ～ 7d 喷 1 次，连喷 2 次，可强力杀死已钻入根茎内的旋心虫；或在玉米幼苗期，用 2.5% 敌百虫粉剂 1.0 ～ 1.5kg，拌细土 20kg，拌匀后，顺垄撒在玉米根部周围，杀伤转株为害的幼虫。在成虫防治上，用 4.5% 高效氯氰菊酯乳油 1 500 ～ 2 000 倍液喷雾，喷 1 ～ 2 次即可，切记在中午高温时段不可施药。

十二、玉米黏虫

玉米黏虫属鳞翅目夜蛾科，又名行军虫、剃枝虫和五色虫，为杂食性暴食害虫，为害玉米正常生长，易造成大面积减产。

【症状】

玉米黏虫以幼虫为害叶片，幼虫孵出后先吃掉卵壳，初孵幼虫群集在心叶为害，后爬至叶面分散为害。幼虫具有畏光性，白天潜伏在玉米心叶或土壤裂缝中，阴天和虫口密度大时，白天也能为害。1 ～ 2 龄幼虫仅啃食叶肉成天窗或形成小孔，3 龄以后沿叶缘蚕食成缺刻，5 ～ 6 龄进入暴食期，为害严重时吃光大部分叶片，只残留很短的中脉（图 6-57、图 6-58）。

图 6-57　玉米黏虫前期为害症状　　　　图 6-58　玉米黏虫后期为害症状

【发生特点】

玉米黏虫是一种迁飞性害虫，无滞育现象。成虫喜食花蜜，对甜酸气味和黑光灯趋性很强。白天多栖息在隐蔽的场所，黄昏后活动取食、交尾、产卵。幼虫在夜间活动较多，有假死性。黏虫抗寒力较低，也不耐 35℃以上的高温，各虫态适宜的温度在 10 ～ 25℃，适宜的大气相对湿度在 85% 以上。降水过程较多，土壤及空气湿度大，有利于黏虫的发生，高温干旱不利于黏虫发生。水肥条件好、生长茂盛的农田黏虫发生严重。

【防治方法】

（1）农业防治　清除田间玉米秸秆，杀死潜伏在秆内的虫蛹；合理轮作，不宜连作，浅耕灭茬，减少成虫基数；采、诱卵，黏虫产卵期间，在田间连续诱卵或摘除卵块，可明显减少卵量、幼虫数量；人工捕杀及中耕除草，在黏虫幼虫发生期，可利用中耕除草将杂草及幼虫翻于土下，杀死幼虫，同时降低田间湿度，提升幼虫死亡率。

（2）物理防治　在害虫发生区域，应以人工方式采卵、扑杀幼虫，短时间降低虫害密度，避免黏虫大规模发生。黏虫成虫趋光性较强，可通过该特点诱杀黏虫成虫，降低蛾的产卵量，减少成虫繁殖。同时，也可利用糖醋液诱杀成虫，盛放糖醋液的盆应高出玉米 30cm 左右，其配料为糖、醋、水、酒，以 2∶2∶2∶1 比例调匀，在晚间诱杀成虫。

（3）生物防治　玉米黏虫天敌很多，常见的有步行甲、蛙类、鸟类、寄生蜂、寄生蝇，通过对天敌保护和人为干预，可以持续有效地降低虫口数达到防治玉米黏虫的目的。

（4）化学防治　黏虫的防治适期为 2 ～ 3 龄幼虫盛期，可交替使用不同类型药剂。可选用 10% 虫螨腈乳油 1 000 倍液、3% 甲维盐微乳剂 1 500 倍液、150g/L 茚虫威悬浮剂 1 000 倍液、150g/L 甲氧虫酰肼悬浮剂 1 500 倍液、50% 辛硫磷乳剂 500 倍液。

十三、草地贪夜蛾

草地贪夜蛾是一种境外入侵物种害虫，也称秋黏虫，属于鳞翅目、夜蛾科、灰翅夜蛾属，是联合国粮食及农业组织全球预警的重大农业害虫。

【症状】

草地贪夜蛾是一种杂食性的害虫，1 ～ 3 龄期内的幼虫，取食部位一般为叶片背面，久而久之会形成半透明、薄膜状的啃食痕迹。4 ～ 6 龄期幼虫的破坏能力已得到进一步增强，除了啃食叶片之外，还会在根茎上造成不规则的孔洞，导致整株植被死亡。玉米进入抽穗期后，果穗也会成为幼虫、成虫的主要食物来源，很多成熟期的玉米果穗腐烂、发育不良，降低了产量与质量（图 6-59、图 6-60）。

图 6-59　草地贪夜蛾幼虫　　　　图 6-60　草地贪夜蛾幼虫为害状

【发生特点】

草地贪夜蛾为多食性害虫，喜玉米、水稻、大麦和高粱等禾本科植物，主要为害玉米和水稻。草地贪夜蛾对温度变化的适应能力较强，气候小幅或中幅变化对其生存率影响较小，适宜的生长发育温度范围为 11 ～ 30℃，无滞育。雌成虫一生中可多次交配，寿命可维持 2 ～ 3 周，能产下约 1 500 颗卵。草地贪夜蛾原产于美洲热带地区，其成虫可借助顺风在几百米高空进行远距离定向迁飞，每晚可飞行约 100 km。

【防治方法】

（1）农业防治 在农作物种植后，加强田间水肥管理，增加钾肥施用量，增强植株自身的抗病虫害能力。合理种植农作物，保证农田具有一定的透光性。根据当地的温度、湿度等选择合适的种植时间，避开草地贪夜蛾高发期。在农田地种植能驱赶草地贪夜蛾的植物，然后在农田周围种植对草地贪夜蛾更有吸引力的植物，减少玉米上的草地贪夜蛾幼虫数量。同时选择对草地贪夜蛾有一定抗性的农作物品种。

（2）物理防治 利用草地贪夜蛾的趋光性、趋化性等生态学特征，以性诱捕器、食物诱杀其成虫，干扰其交配，从而降低害虫的田间落卵量。以光谱为诱虫光源，可达到降低虫口基数、控制害虫数量的目的。6.67hm² 设置 1 个诱捕器，可诱杀草地贪夜蛾成虫，但要注意的是根据诱芯的持效期及时更换诱芯。

（3）生物防治 加强对具备草地贪夜蛾虫卵寄生能力的夜蛾黑卵蜂的保护，此种昆虫对草地贪夜蛾的防控效果极佳。同时，缘腹绒茧蜂、岛甲腹茧蜂也是草地贪夜蛾的天敌，缘腹绒茧蜂可寄生于 1～2 龄草地贪夜蛾幼虫上，而岛甲腹茧蜂在草地贪夜蛾虫卵及幼虫上均可寄生。斑痣悬茧蜂、草地螟阿格姬蜂也是草地贪夜蛾的寄生性天敌。除此之外，草地贪夜蛾还有集栖瓢虫、大眼长蝽等捕食性瓢虫天敌及捕食性蝽类天敌。

（4）化学方法 玉米苗期发生草地贪夜蛾应尽早防治，喷雾器喷头对准玉米心叶喷 2～4s 即可，老叶不必喷洒。可选用以下农药进行防治：6% 乙基多杀菌素悬浮剂 450mL/hm²，或 2% 甲氨基阿维菌素苯甲酸盐乳油 450mL/hm²，或 4% 甲维·虱螨脲微乳剂 450mL/hm²，或 10% 四氯虫酰胺悬浮剂 900g/hm²，或 6% 阿维·高氯乳油 900mL/hm²，或 9% 甲维·茚虫威悬浮剂 1 350mL/hm²。用这些农药防治草地贪夜蛾喷施时间一般选择清晨或者傍晚，要注意药剂的交替、轮换、安全使用，延缓害虫抗药性的产生。

第四节　棉花主要病虫害的识别与防治

一、棉花枯萎病

棉花枯萎病是棉花生产中为害严重的主要病害，曾被称为棉花的"癌症"之一。棉花枯萎病对棉株生育影响很大，造成棉花减产，纤维品质降低。

【症状】

首先，苗期叶脉褪绿变黄，呈黄色和淡黄色网纹状；其次，从叶尖或叶缘开始局部，或整个叶子变黄，最后变成深褐色枯死脱落，在苗期和现蕾期均可以出现；最后，叶子变成紫红色或紫红色斑块，以后逐渐枯萎、枯死，甚至脱落，这种症状一般在气候急剧变化，阴雨潮湿之后较多出现，是棉花生长期间最常见症状之一（图6-61、图6-62）。

图6-61　棉花枯萎病叶片症状　　　图6-62　棉花枯萎病田间表现症状

【病原】

病原为尖孢镰刀菌萎蔫专化型，棉花枯萎病菌属于真菌门、半知菌亚门、丝孢纲、从梗孢目、瘤座孢科、镰刀菌属。该菌具有发达的菌丝，菌丝透明，具有分隔，在侧生的孢子梗上生出分生孢子。分生孢子有3种类型：大型分生孢子、小型分生孢子和厚垣孢子。

【发病特点】

病原菌以菌丝体、分生孢子和厚垣孢子在棉籽、棉籽壳、棉饼、病株残体或病田土壤中越冬，土温20℃左右开始侵染棉苗，随着地温上升，田间枯萎病苗率显著增加。夏季土温≥33℃时，病势暂停发展，进入潜伏期。当土温适宜时，雨水大和分布均匀，则发病严重；雨量小或降雨集中，则发病较轻。棉花在苗期就可感病死亡，但棉花枯萎病在棉花现蕾前后达到发病高峰。

【防治方法】

（1）农业防治　种植抗病品种，选购包衣棉种，适时播种、起垄种植。起垄种植能提早出苗3～5d，而且棉苗壮、抗逆性强。轮作换茬，与小麦等和谷类作物轮作，可明显减轻发病。增施有机肥，有机肥不仅能补充土壤养分，而且能杀死包括枯萎病菌在内的有害病菌。深翻土壤，增施氮、磷、钾肥并合理配比使用，切忌过量使用氮肥，适当叶面喷洒钾肥。清除病株、控制病情棉田发生病株时，要立即拔除病株，带出田外集中烧毁。

（2）化学防治　病害发生初期是防治的关键时期。可用下列药剂：32%乙蒜素·三唑酮乳油 40 ～ 50mL/ 亩；25% 咪鲜胺乳油 800 ～ 1 500 倍液；50% 多菌灵可湿性粉剂 600 ～ 800 倍液；30% 乙蒜素乳油 55 ～ 78mL/ 亩；80% 恶霉·福美双可湿性粉剂 400 ～ 800 倍液；20% 甲基立枯磷乳油 500 倍液；14% 络氨铜水剂 1 500 倍液；70% 甲基硫菌灵可湿性粉剂 800 ～ 1 000 倍液；30% 苯醚甲环唑·丙环唑乳油 1 000 ～ 1 500 倍液；12.5% 多菌灵·水杨酸悬浮剂 250 倍液灌根，每株 100mL，20d 后再灌 1 次，有较好的效果。

二、棉花黄萎病

由大丽轮枝菌引起的棉花黄萎病被称为"棉花的癌症"，发病严重时可导致叶片全部脱落。

【症状】

整个生育期均可发病。在棉苗 3 ～ 5 片真叶时就开始出现症状，到棉花生长中后期即现蕾后田间大量发病，初期在植株下部叶片的叶缘和叶脉间出现浅黄色斑块，后逐渐扩展，叶色失绿变浅，主脉及其四周仍保持绿色，病叶出现掌状斑驳，叶肉变厚，叶缘向下卷曲，叶片由下而上逐渐脱落，仅剩顶部少数小叶，蕾铃稀少，棉铃提前开裂，后期病株基部生出细小新枝。夏季暴雨后出现急性型萎蔫症状，棉株突然萎垂，叶片大量脱落，造成严重减产（图 6-63、图 6-64）。

图 6-63　棉花黄萎病为害症状　　　　图 6-64　棉花黄萎病田间表现症状

【病原】

大丽轮枝菌和黑白轮枝菌均可侵染棉花，引起棉花黄萎病。全国主要棉区的棉花黄萎病菌以大丽轮枝菌为主。大丽轮枝菌的寄主范围极广，包括 660

种左右的植物，其中农作物184种。

【发病特点】

棉花黄萎病微菌核能够在土壤、病残体、棉籽饼以及棉籽内外越冬引发感染，带病种子可以说是实现远距离传病以及扩大病区的重要途径。其适宜温度为25～28℃，在25℃以下、30℃以上则较为缓慢。如果棉花种植环境多雨、温度较高，就会提高该病症的发病概率；而粗放型种植、排水不良、长期连作以及地势低洼等情况也将进一步提升发病概率。

【防治方法】

（1）农业防治 选用抗棉花黄萎病的优良棉花品种。轮作，土壤耕作。在棉花苗期、蕾期及时中耕，破除板结，也利于提高地温，增强土壤通透性，起到控制病菌侵染、增强棉株抗病力的作用。科学施肥，早施轻施苗肥，稳施蕾肥，重施花铃肥，补施盖顶肥，同时合理施用氮磷钾肥，可使棉株生长健壮，不徒长、不早衰，而增强对棉花黄萎病的抵抗能力。

（2）化学防治 土壤熏蒸或消毒，用16%氨水或氯化苦、90%福尔马林和95%棉焦糖粉进行土壤熏蒸或消毒。棉籽消毒，将约1.8%的浓硫酸放入砂锅或其他容器中，加热至110～120℃，1:10慢慢倒入装棉籽的瓷缸中，边倒边搅拌。然后用80%的抗菌剂浸泡30min，加热至55℃，保温30min。杀菌剂防治黄萎病发生在棉花开花期和铃期，一般杀菌剂有多菌灵、甲基妥布菌素、克黄枯等。

三、棉花角斑病

棉花角斑病是棉花生产上的一种分布很广的病害，在全国各棉区都有发生，此病在新疆发生普遍，一度严重，轻病棉田发病率在10%以上，重病棉田发病率可高达80%～100%。

【症状】

在棉花整个生长期地上部分均受害。叶、茎、铃受害后，产生深绿色油渍状或水渍状病斑，以后病斑变黑褐色。子叶的病斑多为圆形或不定形；真叶上的病斑因受叶脉限制而呈多角形，有时沿叶脉扩展呈长条锯齿状；苞叶的病斑和真叶相似；棉铃的病斑圆形，微下陷，可扩展到棉铃内部，使纤维受害变黄、溃烂；茎和枝上病斑若包围茎秆，易折断。无论何部位受害，在潮湿情况下病部常分泌出黄色黏液状菌脓，干燥后形成一层淡灰色薄膜（图6–65、图6–66）。

图 6-65　棉花角斑病叶正面症状　　　　图 6-66　棉花角斑病叶背面症状

【病原】

棉花角斑病是一种细菌病害，菌体杆状，一端生 1 ～ 2 根鞭毛，能游动，有荚膜。革兰氏染色阴性。在 PDA 培养基上形成浅黄色圆形菌落。菌体细胞常 2 ～ 3 个结合为链状体。

【发病特点】

带菌种子和病残体是初侵染源。温度 30 ～ 36℃、空气湿度 85% 以上利于该病的发展流行。秋灌地棉苗生长苗壮，发病率低；秋耕、春灌地，发病概率提高 1 倍。玉米茬发病率高，棉花连茬地次之，小麦茬发病率低。定苗不及时，则棉苗拥挤、杂草多、生长瘦弱，发病率比及时定苗的成倍增加。棉花角斑病系种子带菌传染，所以种子处理以硫酸脱绒为最好。

【防治方法】

（1）农业防治　选用抗病品种，棉种清毒。可进行硫酸脱绒、温汤浸种、拌药的办法。即先用 55 ～ 60℃的温水浸种 0.5h 后捞出晾干，再用种子重量 1/10 的敌克松草木灰（敌克松与草木灰的比为 1∶20）拌种或用种子重量 1/20 的 20% 三氯酚酮可湿性粉剂拌种，随拌随播。雨后及时排除积水，中耕散墒，遇旱浇水时注意不要大水漫灌，同时注意施肥要合理搭配，不要过量使用尿素等氮肥。把棉田中的残枝、落叶等及时清除田外，并集中销毁或深埋。

（2）化学防治　种子处理，播种前先把棉种进行硫酸脱绒处理，浸种 0.5h，晒晾至短绒发白，可以有效地消灭棉种上携带的角斑病病菌。同时，还可以杀死以种子传播的其他病菌。田间喷施，发病的地块可用 72% 农用链霉素 1 500 ～ 2 000 倍液，加配 50% 多菌灵 500 倍液，或 70% 甲基托布津 800 倍液喷雾防治。为促进植株健壮生长，可同时加配质量好的叶面肥和植物生长促进剂，间隔 5d 左右喷 1 次，连续喷 2 ～ 3 次。

四、棉花蚜虫

棉花蚜虫是棉花生产上的重要害虫之一，发生普遍，为害较重，重发年份减产可达 40% 以上，严重影响棉花生长。

【症状】

棉花蚜虫以针状口器刺入棉花组织内吸食汁液，干扰棉花正常的新陈代谢，同时其唾液又刺激棉叶组织畸形，形成卷叶。各种形态棉花蚜虫大量聚集在棉叶背面，从腹管中分泌大量蜜露，滴落在叶片正面，使叶片正面为"油光"叶，遇风、尘土污染叶片，光合作用降低。在吐絮期"秋蚜""蜜露"污染棉絮，使棉纤维品质下降，不利纺纱（图 6-67、图 6-68）。

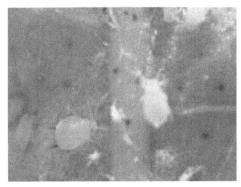 

图 6-67　棉花蚜虫　　　　　图 6-68　棉花蚜虫叶背面为害状

【发生特点】

以卵在花椒、木槿、石榴等寄主上越冬。翌年春季越冬寄主发芽后，越冬卵孵化为干母，孤雌生殖 2 ～ 3 代后，产生有翅胎生雌蚜迁入棉田。苗蚜适应偏低的温度，气温高于 27℃繁殖受抑制。伏蚜适应偏高的温度，在日均温 27 ～ 28℃时大量繁殖，当日均温高于 30℃时，虫口数量才减退。大雨对棉花蚜虫有明显的抑制作用。有翅蚜对黄色有趋性。棉花与麦、油菜、蚕豆等套种时，棉花蚜虫发生迟且轻。

【防治方法】

（1）农业防治　优化作物布局，实行棉、麦邻作，小麦黄熟后麦田天敌将大量转入棉田，有利于棉花蚜虫的控制。选用耐（抗）蚜棉花品种。加强棉花田间管理，使棉花群体均匀、长势健壮，可增强对蚜虫发生的抵抗能力。

（2）物理防治　黄色黏虫板对蚜虫成虫防控和诱杀效果较显著。黄色黏虫板对蚜虫、白粉虱、蝇等小型昆虫有良好的诱杀效果。方法为用 50cm×30cm 的黄色硬纸板外套透明塑料，表面涂上黄油（机油或凡士林等），置于高出植株 30cm 处。

（3）生物防治　在麦田或油菜田捕捉瓢虫，清晨或傍晚释放至棉田，当瓢蚜比大于等于 1∶150 时，便能控制棉花蚜虫为害。同时注意保护蚜茧蜂、草蛉、蜘蛛、食蚜蝇等蚜虫的重要天敌。

（4）化学防治　在棉苗出土前，对棉花蚜虫越冬寄主进行药剂防治，消灭越冬寄主上的虫源。将 40% 氧化乐果乳剂稀释 80 ～ 100 倍，用喷雾器将药液滴在棉苗顶部，或用 40% 氧化乐果乳剂、聚乙烯醇和水按 1∶0.1∶5 的比例配制成涂茎剂，用毛刷将药液涂在棉花茎上紫绿相间部位。当 3 叶前期卷叶株率达 10%，3 叶后期卷叶株率达 20% 以上时，选用 3% 啶虫脒 2 000 倍液，或 25% 虱蚜丁零 2 000 倍液喷雾。喷药时不同药剂交替使用、喷药均匀，使叶背完全着药。

五、棉花红蜘蛛

棉红蜘蛛又称棉叶螨，属蜱螨目、叶螨科，分布在全国各地。

【症状】

棉花红蜘蛛是一种为害棉花特别严重的害虫，其主要是在棉花叶片背部吸汁液然后吐丝织网。并且红蜘蛛有 5 只以下时，棉花的叶片就会开始出现"白斑"或"黄斑"，如果超过了 5 只，"红砂"斑就会显现出来，红蜘蛛越多"红砂"斑就会越多，叶柄处也会变红，若此时防治不当，则会使棉叶枯萎，严重的还会使蕾铃大量脱落，影响棉花的产量（图 6-69、图 6-70）。

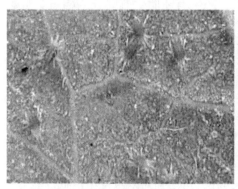

图 6-69　棉花红蜘蛛　　　　图 6-70　棉花红蜘蛛田间表现症状

【发生特点】

红蜘蛛雌成虫由棉田转移到棉花残枝落叶、杂草的根际、土壤、树皮缝隙等处吐丝结网，聚集成块越冬。当气温上升至 5 ～ 7℃时，越冬螨便开始活动。棉花红蜘蛛喜高温干燥条件，在 26 ～ 30℃下发育速度最快，繁殖力最强，取食为害最烈。气温持续偏高，干旱少雨，平均气温 23 ～ 24℃，月降水量在 150mm 以下，加之多风天气，促使棉花红蜘蛛在田间迅速扩散蔓延成灾。

【防治方法】

（1）农业防治　加强田间管理，越冬前，在根颈处覆草，并于翌年 3 月上旬，将覆草或根颈周围小范围内的杂草收集、烧毁，可降低越冬基数。合理安排轮作的作物和间作、套种的作物，避免红蜘蛛在寄主之间相互转移为害。发现少量叶片受害时，及时摘除虫叶烧毁。遇高温干旱，及时灌溉，加强田间湿度。适当控制氮肥施用量，增施磷钾肥，促进植株健壮生长，提高抗逆力。

（2）生物防治　保护天敌，棉田内红蜘蛛的天敌主要有草蛉、食螨瓢虫、六点蓟马和捕食螨，对其发生有较好的抑制作用。在发生红蜘蛛的棉田释放捕食螨达到以虫治虫的作用。

（3）化学防治　当红叶株率达到 20% ～ 30% 时，应进行药剂防治。可用爱福丁或赛奇 2 000 ～ 3 000 倍液进行喷施，最好在 8:00—11:00 进行防治。或在红蜘蛛发生为害期喷施以下药剂：1.8% 阿维菌素乳油 3 000 ～ 4 000 倍，或 2.0% 阿维菌素微囊悬浮剂 4 000 ～ 6 000 倍，或 4% 阿维菌素乳油 8 000 ～ 10 000 倍，或 6% 阿维高氯 2 000 ～ 3 000 倍液，喷在叶片的背面。

六、棉红铃虫

棉红铃虫，又名红铃麦蛾、红虫，属鳞翅目麦蛾科，在我国各产棉区均有分布。

【症状】

棉红铃虫主要为害棉花蕾、花、铃、棉籽和纤维，引起蕾铃脱落，导致僵瓣等。棉红铃虫为害蕾时从顶端蛀入，造成蕾脱落；为害花时吐丝牵住花瓣，使花瓣不能张开，形成"扭曲花"或"冠状花"；在棉铃长 10 ～ 15mm 时钻入为害，钻入孔愈合成一个小褐点，有时在铃壳内壁形成虫道呈水青色，常造成烂铃形成僵瓣；为害种子时吐丝将两个棉籽连在一起（图 6-71、图

6-72）。

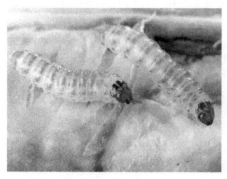

图 6-71　棉红铃虫幼虫

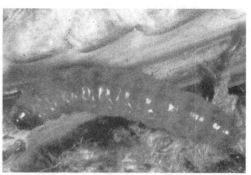

图 6-72　棉红铃虫为害状

【发生特点】

棉红铃虫主要在仓库内以幼虫越冬。绝大部分成虫在白天羽化，成虫产卵期长，能延续 15d 之久。成虫飞翔力强，趋弱光，对 3W 的黑光灯有较强的趋性。气温为 25 ～ 30℃，相对湿度 80% ～ 100% 时，对成虫羽化最为有利，而温度在 20℃以下或 35℃以上对棉红铃虫均不利；气候干旱，则对成虫产卵和卵的孵化均有一定的抑制作用。棉红铃虫幼虫喜食青铃，田间青铃出现早，伏桃或秋桃多，有利于其繁殖。

【防治方法】

（1）农业防治　调节播期，控制棉花生长发育进度，促使棉花早熟，不利于棉红铃虫的取食；延迟播期，推迟棉花现蕾的时间，使棉株上无足够适合棉红铃虫的食物；选择抗虫品种，可以减少虫害；收晒棉花灭虫，堆花时上面覆盖物用麻袋，幼虫多爬至覆盖物下面，翌日晒花前扫杀，可杀死部分幼虫；有条件的地方收花时籽棉不进暖室，种子冷室堆放，能显著压低虫源基数，控制棉红铃虫的为害。

（2）物理防治　棉花花铃期利用杨树枝条或用性诱剂晚上诱集成虫，早晨收杀。棉红铃虫的羽化盛期，在棉仓或村庄附近的棉田诱杀效果更好。

（3）化学防治　空仓全面喷洒 2.5% 溴氰菊酯乳油的稀释液，墙壁、房顶里面都要喷到。喷洒杀虫剂主要是在棉红铃虫卵盛期喷洒杀虫剂。杀虫剂的种类及用量如下：2.5% 溴氰菊酯，30 ～ 40mL/ 亩；20% 氰戊菊酯，35 ～ 50mL/ 亩；50% 辛硫磷，35 ～ 50mL/ 亩。对水 1.5 ～ 2.5kg，喷在 15 ～ 25kg 细土上拌匀，傍晚撒于田间，可熏杀成虫。

第五节　大豆主要病虫害的识别与防治

一、大豆花叶病毒病

大豆花叶病毒病全国各地均有发生，植株被病毒侵染后的产量损失，常年产量损失 5% ～ 7%，重病年损失 10% ～ 20%，个别年份或少数地区产量损失可达 50%。

【症状】

（1）轻花叶型　叶片形状大致正常，只是叶脉颜色深一些，摘下病叶对着太阳光照一下，可以见到黄绿相间的斑块。轻花叶病毒病能正常结荚。一些抗病的品种或者在后期染病的品种就是这种症状。

（2）皱缩花叶型　病叶明显有黄绿相间的斑驳，叶片皱缩严重，出现淡绿、浓绿相间，叶片边缘向下卷，后期叶片粗糙变脆，结荚少。

（3）褐斑型　褐斑型是花叶病毒病在籽粒上的症状表现，在籽粒表面上呈放射型，比较有规则（图 6-73、图 6-74）。

图 6-73　大豆花叶病毒病叶片症状　　图 6-74　大豆花叶病毒病田间表现症状

【病原】

大豆花叶病毒病的病原为大豆花叶病毒，属马铃薯 Y 病毒组，是大豆主要的种传病毒。病毒颗粒线状分散于细胞质和细胞核中，病毒钝化温度为 55 ～ 60℃，有的分离物可达 66℃，病液在常温条件下，根据不同分离物，侵染性为 3 ～ 14d。

【发病特点】

大豆花叶病毒主要在种子里越冬，成为第2年的初侵染源，种子带毒率高低与品种抗病性和植株发病早晚有关。感病品种的种子带毒率高，重者可达80%以上，开花前发病重的植株上结的种子带毒率亦高，为30%～40%。抗病品种或开花后侵染发病的种子带毒率低。大豆花叶病毒主要通过大豆蚜、桃蚜、蚕豆蚜、苜蓿蚜和棉蚜来传播，也可通过汁液摩擦传播。

【防治方法】

（1）种植抗病毒品种　各地大面积推广的改良品种，大多数对大豆花叶病毒有一定抗性，一般均在中抗以上，改良品种在连年种植过程中，发现病毒逐年严重，是种植品种抗性衰退，或是当地浸染病毒株系的变化引起的，应对改良品种提纯复壮或改种适合当地的抗病品种。

（2）加强种子检疫　侵染大豆的病毒有较多的种传病毒，在各地调种或交换品种资源，都会引入非本地病毒或非本地病毒的株系，造成大豆病毒病流行的广泛性及严重性，因此引进种子必需隔离种植，要留无病毒株种子，再作繁殖用，检疫及研究单位要加强检验病毒病的措施及采取有效的防治措施。

（3）化学防治　在发病前和发病初期开始喷药防治花叶病，每亩用2%菌克毒克水剂115～150g，兑水30kg喷雾，做到均匀喷雾不漏喷，连续喷2次，间隔7～10d；或每亩用20%毒A可湿性粉剂60g，兑水30kg均匀喷雾，连续喷3次，每次间隔7～10d。另外可以结合治蚜虫喷施防病毒病的药剂防治蚜虫。灭蚜要适时，在迁飞蚜出现前喷药效果好，用3%呋喃丹亩用量1.5kg，随播种一起撒入垄内，注意药剂不要与种子接触。也可以叶面喷施40%乐果乳油1 000倍液，可得较好的防蚜效果。

二、大豆霜霉病

大豆霜霉病在我国各地发生普遍，一般流行年份可造成6%～15%减产，严重可减产50%，种子被害率10%左右，严重者25%以上。

【症状】

带菌种子引起幼苗系统侵染，子叶不表现症状，第一对真叶从叶基部开始沿叶脉出现大块褪绿斑块，复叶也有相同病状。潮湿时感病豆株叶背面褪绿部分密生灰白色霉层。发病幼苗植株矮小瘦弱，叶片皱缩，常在封垄后死亡。叶片成多角形黄褐色病斑，叶背面可产生霉层。感病严重时，叶片全叶干枯，造成叶片提早脱落。豆荚感病时，外部无明显症状，内部有大量杏黄色粉状物，其为病菌卵孢子和菌丝。被害大豆籽粒小、色白且无光泽（图6-75、图6-76）。

图 6-75　大豆霜霉病叶正面为害症状　　图 6-76　大豆霜霉病叶背面为害症状

【病原】

病原菌为霜霉属、为鞭毛菌亚门，病菌无性世代产生孢子囊，有性世代产生卵孢子，孢子囊梗自气孔伸出，无色或淡紫色，单生或数枝束生，呈树枝状，孢子囊椭圆形或倒卵形，少数球形，无色略带淡紫色，单胞，表面光滑，多数无乳头状突起，卵孢子黄褐色近球形，壁厚，表面光滑。

【发病特点】

病菌以卵孢子在种子和病残体中越冬，带菌种子是主要初次浸染来源，借风雨传播。此病为气流传播为主的多循环病害，其发生与气候条件、品种抗性及菌源数量关系密切。如选抗病品种，叶病斑小、病情发展慢、发病轻；感病品种叶部病斑大、病情发展快，病害也重。感病品种，如遇多雨高温，不但发病早，发病也重。霜霉病在多雨、高温、温度高低交替，发病常重，早春土壤温度低，有利于发病。

【防治方法】

（1）选用抗病品种　大豆霜霉病菌寄生性很强，存在生理分化现象，选用抗病性强的品种是防治该病的最佳途径。同时播种前严格选种，清除病粒，减少成株期菌源量。提倡 3 年以上轮作，减少初侵染源。

（2）农业防治　增施有机肥和磷钾肥，少施氮肥，增强植株的抗病力。肥地宜稀，薄地宜密；分枝多的品种宜稀，分枝少的品种则密；晚熟品种宜稀，早熟品种可适当密植。有利于植株的通风透光。及时排除田间的积水，做到雨住田干，降低田间的湿度。及时拔除病株，能延缓病害的传播速度；

大豆收获后彻底清除田间的病残体，集中深埋或烧毁，能有效地减少越冬菌源的数量。

（3）化学防治　由于发病的大豆株在适宜的条件下会传播到健株上，进行传播蔓延。所以在发病初期开始喷药，会控制大豆霜霉病的进一步发生。可选用 50% 多菌灵可湿性粉剂 1 000 倍液进行喷雾防治；或用 72% 锰锌·霜脲可湿性粉剂 600 倍液进行喷雾防治；或用 58% 甲霜灵·锰锌可湿性粉剂 600 倍液进行喷雾防治，69% 安克锰锌可湿性粉剂 900 倍液进行喷雾防治。

三、大豆食心虫

对于大豆而言，食心虫是主要的害虫之一，如果不将其尽快驱除，存留在大豆内部，会给大豆带来实质性的损害，甚至影响正常大豆的收成。

【症状】

大豆食心虫的食性单纯，仅为害大豆一种作物，以幼虫蛀入豆荚食害豆粒，一般幼虫多在豆荚边缘的合缝附近进入，咬食荚皮穿孔进入荚内。食害豆粒并不完全吃光，只吃成缺刻，一般 1 头幼虫约可以咬食 2 粒大豆（图 6-77、图 6-78）。

图 6-77　大豆食心虫为害状　　　　图 6-78　大豆食心虫成虫

【发生特点】

大豆食心虫以老熟幼虫在豆田、晒场及附近土内做茧越冬。成虫飞翔力不强，上午多潜伏在豆叶背面或荚秆上，受惊时才作短促飞翔。成虫有趋光性，黑光灯下可大量诱到成虫。成虫产卵多在黄昏，以 3 ~ 5cm 的豆荚上产卵最多，幼嫩绿荚上产卵较多。大豆食心虫喜中温高湿，土壤的相对湿度为 10% ~ 30% 时，有利于化蛹和羽化，低于 5% 则不能羽化。大豆食心虫喜欢在多毛的品种上产卵，大豆荚皮的木质化隔离层厚的品种对大豆食心虫幼虫钻蛀不利。

【防治方法】

（1）农业防治　选择抗性品种，无荚毛或荚毛少而短或荚毛弯曲型、荚皮坚硬的品种。选择早熟品种或适当提前播期使成虫产卵期豆荚已老黄，不适于产卵，可降低虫食率。合理轮作，避免连作。翻耕豆茬地大豆收割后进行秋翻秋耙，能破坏幼虫的越冬场所。及时耕翻后，麦茬地、豆茬地如播种小麦，当小麦收割后正值幼虫上移和化蛹，随即翻耕麦茬，可大量消灭幼虫和蛹，降低羽化率。

（2）生物防治　大豆食心虫的天敌主要有赤眼蜂、花蝽、茧蜂和蜘蛛等，其中寄生蜂对大豆食心虫的寄生率达到20% ～ 40%，在大豆田间的上风口要增加蜂量，下风口可适当减少蜂量。白僵菌、绿僵菌和苏云金芽孢杆菌是大豆食心虫的主要侵染病原菌，其中白僵菌寄生率一般达到5% ～ 10%，能够成功降低害虫的种群密度。此外苏云金杆菌对食心虫也具有毒害作用，在大豆食心虫防治应用较为广泛。

（3）性诱剂防治　通过诱芯释放人工合成的性信息素，引诱雄蛾至诱捕器，通过物理灭杀的方法杀死雄蛾，从而减少其交配率，达到防虫目的。应用过程中，需要进行大面积连片使用，将食心虫性诱剂安装到诱捕器内，悬挂至高于作物表面20cm处，每亩设置诱捕器1套，以外围密、中间稀的原则悬挂。

（4）化学防治　敌敌畏棍棒熏蒸防治成虫适用于长势茂盛、垄间郁蔽的大豆田。每亩用80% 敌敌畏乳油 100 ～ 150mL。用玉米秆截 20 ～ 30cm 长的一段，一节去皮浸足药液，另一节保持原状，将带皮不沾药的一节插入豆田垄上或夹在大豆枝杈上，每隔4 ～ 5垄插1垄，每隔5m插1根，每亩用30 ～ 50根。无论大豆长势如何，都可以 2.5% 功夫乳油或其他菊酯类杀虫剂，用背负式喷雾器将喷头朝上从豆根部向上喷，使下部枝叶和顶部叶片背面着药。

四、大豆蚜虫

大豆蚜虫是大豆的重要害虫，大发生年若未及时防治，轻则减产20% ～ 30%，重则减产达50% 以上。

【症状】

成虫和若虫均可为害，多集中在大豆植株的生长点、顶叶、嫩叶及嫩茎上刺吸汁液，严重时布满茎叶，也可侵害幼荚。豆叶被害处叶绿素被破坏，叶片卷缩，形成圆形或不规则形的黄斑，枯黄斑点逐渐扩大，后变为褐色。受害重的植株生长不良，叶片卷缩发黄早脱落，植株矮小，分枝及结荚减少，百粒重下降。该虫还能传播大豆花叶病毒病（图6-79、图6-80）。

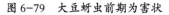

图6-79　大豆蚜虫前期为害状　　　　图6-80　大豆蚜虫后期为害状

【发生特点】

大豆蚜虫为害盛期在6月底、7月初。一般6月中下旬开始在大豆田出现，持续高温，干旱少雨，容易使蚜虫大量发生，越干旱为害越重。大豆蚜在北方以卵在蚜腋或枝条隙缝里越冬，翌年春季平均气温约达10℃，鼠李芽鲜露绿，越冬卵开始孵化为干母，干母孤雌胎生繁殖1～2代。大豆蚜虫在一年中，一般有几次迁飞，相应地在大豆上有几个消长阶段。

【防治方法】

（1）农业防治　选育抗（耐）蚜虫品种是防治大豆蚜虫最经济、有效、安全的途径。要不断发掘大豆自身的抗蚜虫能力，选育抗（耐）蚜大豆优良品种，增强大豆个体与群体的抗逆能力及其受害后的自我补偿功能。合理轮作、清洁田地、消除杂草，可以有效降低越冬菌数量，明显减少初侵染来源。深翻地、中耕培土，不仅能破坏病虫越冬场所，而且能改善土壤的通透性。

（2）生物防治　大豆蚜虫的天敌较多，包括捕食性瓢虫、寄生蜂、草蛉和食蚜蝇等，在天敌数量多时，可抑制蚜虫数量的增长。例如，在大豆田释放异色瓢虫，10d后对大豆蚜的防效高达90%。日本豆蚜茧蜂对大豆蚜的寄生率达56%以上，在中等发生年份可将大豆的卷叶率控制在1%以下。

（3）化学防治　在我国大豆种植中应用广泛，首先是对大豆种子进行拌种，使用0.2%～0.3%的35%呋喃丹拌种。其次是对大豆植株进行喷药。大豆蚜虫防治应及早发现及早进行，在大豆苗期使用35%伏杀磷乳油1.95kg/hm^2

喷雾。如果蚜虫已经造成大面积为害，需选择 10% 溴氰菊酯乳油、5% 来福灵乳油、2.5% 敌杀死乳油 225 ～ 300mL/hm^2，兑水 600 ～ 750L 进行喷雾。

五、大豆菟丝子

大豆菟丝子又称黄金狗丝草、无根草，是一种恶性寄生杂草。大豆菟丝子藤茎丝线状，黄色或淡黄色，接触到大豆等寄主就缠绕在寄主茎上，吸收大豆体内养料和水分。受害大豆轻者减产 10% ～ 20%，重者减产 30% ～ 50%，严重者可造成大豆绝收。

【症状】

菟丝子将幼茎缠绕于大豆的茎上，常把植株成簇地盘绕起来，受害后大豆生长停滞、生育受阻、植株矮小、颜色发黄、极易凋萎。茎上被黄色的细藤缠绕着，这些丝茎将吸根伸入豆秆皮内，夺取养分和水分，最后使大豆植株变黄或枯死。田间发生后，由 1 株缠绕形成中心向四周扩展，严重的可造成大豆成片枯黄死亡，颗粒无收（图 6-81、图 6-82）。

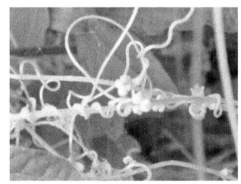

图 6-81　大豆菟丝子　　　　　　图 6-82　大豆菟丝子田间为害状

【发生特点】

菟丝子种子与大豆同时成熟，落入土中或混在大豆种子内越冬；落在土里的可存活几年，家畜吃了随粪便排出后仍有活力。低洼地，多雨潮湿天气，菟丝子为害严重。菟丝子出苗率低，在土壤中有大量种子积累的情况下才能发生较严重的为害，因此连作豆田易遭菟丝子为害。大豆菟丝子侵染依靠动物、雨水和农事器材带种传播，混在大豆种子里的菟丝子种子可进行远距离传播。

【防治方法】

（1）农业防治　大豆菟丝子不能寄生禾本作物，与禾本科作物实行 3 年以上轮作，或与水稻实行水旱轮作 1～2 年，可较好地消灭。大豆宽行条播种植，可以降低菟丝子幼苗成活率，减轻为害。大豆出苗后及时将受侵染大豆植株拔除，并将菟丝子残体清除，一并带出田外销毁。深耕 20cm，将土表菟丝子种子深埋，可减少发生量。含有菟丝子的畜禽粪肥必须充分腐熟后才能施入豆田。

（2）生物防治　常用的微生物除草剂是"鲁保一号"，喷洒在大豆菟丝子上，可使大豆菟丝子感病萎蔫枯死，使用浓度，一般每克菌液含活孢子一千万个，操作方法为，把菌粉放在布口袋内扎好，放在水中浸 1min，用手轻轻揉搓并换水，到水变清为止，所得菌液合并补足水量。施药宜在晴天早晚或阴天及小雨天进行。施药前先把大豆菟丝子打断，造成伤口，以便菌丝侵入。在大豆菟丝子缠绕大豆 3～5 株时施药。

（3）化学防治　土壤处理用 48% 地乐胺 250mL/ 亩，或 43% 甲草胺 250mL/ 亩，或 72% 异丙甲草胺 150mL/ 亩，兑水 30～50kg 喷施。天气干旱、墒情差，在大豆播前施药，施药后立即浅耙松土，把药物混入 2～4cm 土层中，然后播种。墒情好，在大豆播后苗前将药液喷施于土表即可。茎叶处理用 48% 地乐胺 75 倍液，对准被害大豆植株喷施。药剂只能喷施在有菟丝子寄生的植株上，不要让药液沾到其他植株上。施药后每隔 10～15d 再查治 1 次，共查治 2 次～3 次。

第六节　马铃薯主要病虫害的识别与防治

一、马铃薯早疫病

马铃薯是世界上第四大粮食作物，被认为是解决世界贫困地区人类饥饿、营养不良的主要食品。马铃薯早疫病在生产上造成减产一般为 5%～10%，严重发病区域减产可达 20%～30%。

【症状】

早疫病可发生在叶片上，也可侵染块茎。叶片染病病斑黑褐色，圆形或近圆形，具同心轮纹，大小 3～4mm。湿度大时，病斑上生出黑色霉层，即病原菌分生孢子梗和分生孢子。发病严重的叶片干枯脱落，田间植株成片枯黄。块茎染病产生暗褐色稍凹陷圆形或近圆形病斑，边缘分明，皮下呈浅褐色海绵状干腐。该病近年呈上升趋势，其为害有的地区不亚于晚疫病（图6-83、图6-84）。

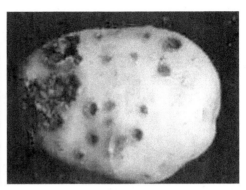

图 6-83　马铃薯早疫病叶片为害症状　　　图 6-84　马铃薯早疫病薯块为害症状

【病原】

马铃薯早疫病的病原菌为链格孢属真菌，为无性型真菌，其有性形态为子囊菌门真菌。国内已报道的能引起马铃薯早疫病的病原菌有链格孢、茄链格孢、侵染链格孢、大孢链格孢、细极链格孢 5 种，其中茄链格孢为优势病原菌。病菌菌丝暗褐色，有隔；分生孢子梗 1 ～ 5 根从气孔伸出，筒形或短杆状，多较直，暗褐色，具 1 ～ 7 个隔膜，顶端着生分生孢子；分生孢子手雷形或倒棒状，黄褐色，具纵横隔膜，隔膜处有缢缩，顶端细胞细长、喙状。

【发病特点】

马铃薯早疫病病原菌以分生孢子或菌丝体在土壤或带病薯块上越冬，借风、雨传播，从气孔、皮孔、伤口或表皮侵入，引起植株发病并可进行多次再侵染，造成病害蔓延扩展。下部老叶一般先发病，幼嫩叶片衰老后才发病。生长期遇到高温高湿条件或有 2 ～ 3d 连阴雨或湿度高于 70%，利于该病的发生和流行。生产上多年连作重茬、地势低洼排水不良、土壤瘠薄肥力不足的地块发病严重。

【防治方法】

（1）农业防治　利用抗病品种，推广脱毒薯。种薯切块后用草木灰拌种，可加快切块伤口愈合，减轻病毒入侵。实行轮作倒茬，收获后及时清理残枝病叶，深埋或烧毁。采取多项措施促使植株生长健壮，增强抗病能力。建立无病留种地，杜绝病害侵染来源。收薯、藏薯、切薯块、春化等过程中，每次都要严格剔除病薯，减少储藏及田间初侵染源。

（2）化学防治　从植株封行开始，可选用3%嘧啶核苷类抗菌素水剂100～150倍液，或77%氢氧化铜可湿性粉剂500倍液，或1:1:200的波尔多液等药剂中的一种进行喷雾预防。病害发生后，可选用复配剂75%百菌清可湿性粉剂加70%硫菌灵可湿性粉剂（1:1）1 000倍液，或70%丙森锌可湿性粉剂600～800倍液、80%代森锰锌可湿性粉剂600～800倍液、25%嘧菌酯悬浮剂800～1 300倍液等药剂中的一种进行喷雾防治，7～10d喷施1次，视病情发生程度防治1～3次，交替喷施，前密后疏。

二、马铃薯晚疫病

马铃薯晚疫病又称马铃薯瘟、马铃薯疫病，属于单年流行病害，一旦发生晚疫病，马铃薯田间产量损失8%～30%，严重时产量损失50%以上乃至绝收。

【症状】

马铃薯晚疫病主要发生在马铃薯开花前后，甚至全生育期都有可能发病。马铃薯晚疫病可以侵染马铃薯的叶、茎和薯块等部位。感染晚疫病后，叶片最初的表现在叶尖部位，此时叶尖一般呈现黑灰色或黑褐色斑点，略像水煮的样子，一旦发现不及时，在空气湿度较大的时候，病斑会迅速向外扩散，逐渐向整个叶片、茎秆甚至其他部位蔓延，很快就会在发病叶片或茎秆边缘产生轮纹状干枯，叶片出现萎蔫，并逐渐全株发病出现腐烂和异味（图6-85、图6-86）。

 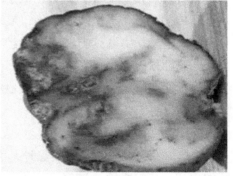

图 6-85　马铃薯晚疫病叶片受害症状　　图 6-86　马铃薯晚疫病薯块受害症状

【病原】

病原物为致病疫霉，属鞭毛菌亚门、疫霉属真菌。马铃薯晚疫病为害特点和病原体致病疫霉菌丝无色，无隔膜。有性世代产生卵孢子，但很少见。主要靠无性世代产生孢子囊，传播为害。孢子囊无色，卵圆形，顶部有乳头状突起，基部有明显的脚孢，着生在孢囊梗上。孢囊梗无色，有分枝，常2、3条分枝从叶片的气孔或薯块的皮孔、伤口伸出，即前面所说的白霉。孢子梗顶端膨大，形成孢子囊。

【发病特点】

马铃薯晚疫病是典型的流行性病害，其流行与气候条件密切相关，其中温度、湿度最为重要。当温度在20℃左右、空气相对湿度为60%～70%时，从出现发病中心到全田枯死，仅需要7d左右。农户长期自留种，品种单一，种植多年后抗病性逐渐减弱，病原菌传播加快，导致晚疫病发生流行。马铃薯种植地块地势低洼，排水不良，偏施氮肥，种植密度过大，种植群体结构不合理，通风透光条件差等栽培管理不当，会加重马铃薯晚疫病的发生。

【防治方法】

（1）农业防治　选用抗病品种是防治晚疫病最经济、最有效的途径。品种推广应用要注意合理搭配，避免同一品种单一化大面积种植，多栽培抗病品种，逐渐淘汰感病品种。

建立种薯基地，培植无病种薯，切断马铃薯晚疫病的初侵染来源。在马铃薯入库、出库、播前应严格精选，彻底剔除病薯，选择健康种薯种植。

适时早播，选择土质疏松、排水良好地块种植马铃薯，同时做好开沟排水，降低田间湿度，减少病害的发生；合理施肥，避免偏施氮肥，适当增施磷钾肥，保持植株健壮，增强抗性；发现中心病株，及时拔除销毁；合理轮作，避免与茄科类、十字花科类连作或套种。

（2）化学防治　用58%甲霜灵·锰锌可湿性粉剂拌种，有明显防效。药剂喷施最好实行统防统治，病原菌传播途径相当一部分是风传，避免单家独户的喷药防治。当田间发现晚疫病中心病株，一是可用68.75%银法利悬浮剂兑水喷雾；二是用72%霜脲·锰锌可湿性粉剂等兑水喷雾；三是用25%甲霜灵或50%代森锰锌800倍液，或64%杀毒矾500倍液喷雾；四是用硫酸铜500g加生石灰500g加水50kg兑成等量波尔多液喷雾，10d左右喷1次，连喷2～3次。

三、马铃薯二十八星瓢虫

马铃薯二十八星瓢虫属鞘翅目瓢虫科，别名二十八星瓢虫，是为害马铃薯的主要害虫，近年经常性发生，尤其是局部田块大发生。一般导致减产20%～30%，严重的减产50%以上。

【症状】

马铃薯二十八星瓢虫的成虫和幼虫都能为害，以咀嚼口器剥食叶面（背面）及茄果表皮。二十八星瓢虫在剥食叶面时只吃叶肉而残留表皮，受害叶片形成透明密集的条痕，状如罗底，受害叶片常枯干皱缩，影响光合作用的进行，严重时植物停止生长或枯萎。茄果表皮受害处常常破裂，组织变硬而粗糙，受害的果实发苦，失去食用价值，使产量和品质大大下降（图6-87、图6-88）。

图 6-87　马铃薯二十八星瓢虫成虫　　图 6-88　马铃薯二十八星瓢虫为害状

【发生特点】

马铃薯二十八星瓢虫以成虫群集在温暖向阳的墙缝、土层，或麦田、杂草丛中越冬。成虫多产卵于马铃薯苗基部叶背，10～50粒纵立成块聚集，每头雌虫总产卵约在300粒左右。成虫具假死性，飞翔、转移能力强，有一定趋光性，但畏强光，早晚蛰伏，白天活动，以10:00—16:00时最为活跃。气温在22～28℃时适于成虫产卵，30℃时产卵不孵化，35℃以上时产卵不正常并陆续死亡。一般情况下，比较潮湿的越冬场所和暖冬气候有利于成虫越冬。

【防治方法】

（1）农业防治　冬春季采取措施清除其越冬场所，特别注意向阳、背风处的土缝、石缝等处。春季在越冬成虫未迁移之前铲除其他野生寄主植物，集中烧毁或深埋。及时清除田间地边的茄科杂草，减少中间寄主，可有效减轻对马铃薯的为害。结合田间管理，发现卵块和刚孵化的群集幼虫可采用人工摘除叶片的方法进行防治。抓住成虫在越冬期不食不动的薄弱环节，检查越冬场所，搜捕越冬成虫。

（2）物理防治　人工捕捉成虫，利用成虫假死习性，拍打植株，使之坠落，集中清灭。人工摘除卵块，虫卵集中成群，颜色鲜艳，及早发现，及时摘除。清洁害虫越冬场所，秋季收获后集中清除杂草和残株，带出园集中烧毁。春季深翻地块，消灭卵和幼虫。

（3）化学防治　在成虫迁移或幼虫孵化盛期进行药剂防治，每600m² 用50%巴丹可溶性粉剂25～50g，或50%抑太保乳油30～60mL，或2.5%功夫乳油20～40mL，3 000倍液，或40%甲基辛硫磷乳油25～50mL，可用灭杀毙3 000倍液，20%氰戊菊酯或2.5%溴氰菊酯3 000倍液，10%溴马乳油1 500倍、10%赛波凯乳油1 000倍液、50%辛硫磷乳剂100倍液、2.5%阿维菌素2 500～3 000倍兑水喷雾。

四、马铃薯甲虫

马铃薯甲虫是马铃薯的毁灭性害虫，一般造成减产30%～50%，有时高达90%，在适合的条件下，该虫的虫口密度急剧增长，常造成毁灭性的灾难。

【症状】

马铃薯甲虫在合适的条件下，虫口密度往往急剧增长，即使在卵的死亡率为90%的情况下，若不加以防治，1对雌雄个体5年后可产生千亿个个体。成虫和幼虫都取食马铃薯植株的叶片和嫩尖，可把马铃薯叶片吃光，并排泄特殊黑色屎污染并遗留于植株叶片与茎上，使块茎产量明显下降（图6-89、图6-90）。

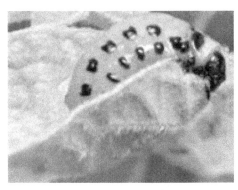

图 6-89　马铃薯甲虫幼虫　　　　图 6-90　马铃薯甲虫成虫为害状

【发生特点】

成虫在马铃薯田的土层中越冬。成虫抗寒力不强，越冬死亡率较高。潜入深度因土壤类型和环境条件不同而有变化，较温暖地方为 6～15cm，寒冷地方为 20～60cm。在沙质土壤中比在黏重土壤中入土更深。春季地温上升到 14～15℃后，越冬成虫出土、取食、交配和产卵。出土可延续较长时间，达 1～2 个月。成虫靠爬行和飞行扩散，飞翔能力强，在温暖的中午可随风长距离飞行。

【防治方法】

（1）加强检疫　严防人为传入，一旦传入要及早铲除。

（2）农业防治　实行轮作，以避开前作薯田越冬成虫为害。种薯地周围提前 10d 左右种植马铃薯或天仙子诱集带。诱集带要专人管理，发现马铃薯甲虫后及时消灭。收薯前割去茎叶，收后清理田间，除去残薯，以减少马铃薯甲虫食料。另外，早春马铃薯甲虫出土不整齐，延续时间长，可人工捕杀越冬成虫和摘除卵块。

（3）生物防治　采用 0.3% 苦参碱 500 倍液喷洒作物植株，尤其是在马铃薯甲虫幼虫时防治效果最佳。苦参碱是天然植物农药，对人畜安全，是广谱杀虫剂，具有胃毒作用和触杀作用。苦参碱农药驱避功能较好，可降低害虫的抗性，施用该药可麻痹害虫的神经系统，使害虫后代无法产生抗药性。

（4）化学防治　马铃薯甲虫 1～2 龄幼虫，可用 48% 乐斯本乳油（900g/hm^2）、2.5% 高效氯氰菊酯 1 500 倍液、20% 康福多浓可溶剂（90mL/hm^2）、5% 阿克泰水分散粒剂（90g/hm^2）、70% 艾美乐水分散粒剂（30mL/hm^2）、3% 莫比朗乳油（225mL/hm^2）、20% 啶虫脒可溶性液剂（150g/hm^2）、2.5% 菜喜悬浮剂（900mL/hm^2）等药剂进行喷雾防治，或用 10% 吡虫啉可湿性粉剂的 1%～2% 浓度的药液浸种（薯块）1h 晾干后播种，持效期在 50d 以上。

第七节　蔬菜主要病虫害的识别与防治

一、黄瓜霜霉病

黄瓜霜霉病属于真菌性病害，此种病害对黄瓜的为害最为严重。霜霉病发病迅速，7d 之内就会使黄瓜植株发生感染，可以减产 30%～50%。

【症状】

黄瓜霜霉病主要对黄瓜叶片造成为害，对茎根等器官为害较小。苗期发病时，先在子叶上形成褪绿色黄斑，后颜色逐渐转变为黄褐色，病叶最后干枯、下垂。若环境湿度较大，叶片背面可见紫黑色霉斑。成株期后，发病于开花结果后，结果盛期进入发病高峰，通常从植株下部向上部蔓延。最初叶片可见水浸状病斑出现，逐渐转变为浅黄色直至鲜黄色，最后变为黄褐色干枯状，病斑一般呈多角形，湿度较大时病斑叶片背面有灰黑色霉层（图6-91、图6-92）。

图6-91　黄瓜霜霉病为害症状　　　图6-92　黄瓜霜霉病田间表现症状

【病原】

黄瓜霜霉病病原菌为古巴假霜霉菌，俗称跑马干、黑毛，属于真菌门、鞭毛菌亚门、卵菌纲、霜霉菌目、霜霉属专性寄生菌，营养体为无隔菌丝，通过发达的无性繁殖产生孢子梗和孢子囊，在适宜的温度下孢子囊萌发为芽管侵染宿主。目前，黄瓜霜霉病是我国黄瓜三大主要病害之一。

【发病特点】

黄瓜霜霉病的发生流行与温度、湿度有关。在温室黄瓜生长期间，温度一般能够达到发病条件，因此决定发病流行与否的关键因素是湿度。多雨、多雾天气发病重，灌溉频繁、地势低洼的地块发病较重，昼夜温差大、阴晴交替也易造成病害发生。温室小气候也是决定病害是否流行的关键因素之一，温室通风排湿不良或温湿度控制不好，会造成病害流行成灾。黄瓜霜霉病的发病条件一般在气温10℃以上时即开始发病，20～24℃有利于发病。当平均气温稳定在30℃以上，即使湿度适宜，病害发展也呈渐缓趋势。

【防治方法】

（1）农业防治　选择地势较高的地块育苗栽植，利用地膜覆盖、建高垄种植，提高田间通风透光性。及时轮作换茬。采用配方施肥，要施足基肥，增加磷肥、钾肥、钙肥的施入量，适当补施二氧化碳气肥。要适当控制栽植密度，切忌栽植过密。在浇水管理上，可采取膜下滴灌的方式，不可大水漫灌。一旦有黄瓜霜霉病中心病株出现，要及时拔除并清理干净，同时做好消毒工作。每次收获之后将田间病残体、落叶等全部清理干净。

（2）生态防治　利用黄瓜与霜霉病生长发育对环境要求的差异性，创造有利于黄瓜生长而不利于霜霉病生长的温度、湿度达到防病目的。可在日出后使棚室温度上升到 25 ~ 30℃，湿度降到 75% 左右，下午温度上升较快，可放风 2 ~ 3h，待温度下降到 20 ~ 25℃，湿度降到 70% 左右，可有效降低霜霉病的发生。在夜间，可利用低温对霜霉病的抑制作用而对黄瓜生长无影响，将湿度控制在 85% 以上，温度降到 12 ~ 13℃，当夜间温度高于 12℃时，可整夜放风。

（3）生物防治　采用喷洒芽孢杆菌、酵素菌等菌剂加叶面肥等方法对黄瓜霜霉病病菌的萌发有良好的抑制作用，对黄瓜霜霉病的治疗和保护效果甚至超过了化学药剂克霜氰，也可使用植物源药剂石楠枝、合欢叶、必效散、大黄、侧柏叶等提取液防治黄瓜霜霉病。用 0.5% 小檗碱水剂 167 ~ 250g/ 亩喷雾，1% 蛇床子素水乳剂 800 ~ 1 000 倍溶液喷雾还可兼治黄瓜白粉病。

（4）化学防治　把握最佳防治期，发病初期及时喷药防治效果最佳。优先采用粉尘法和烟熏法防治，在发病前或出现中心病株时每亩可喷 5% 百菌清粉尘 1kg 进行防治，每隔 10d 喷施 1 次，连续 2 ~ 3 次；熏烟剂可用 45% 百菌清烟雾剂每亩 0.25kg，在傍晚闭棚后，点燃密闭一夜，每隔 7d 烟熏 1 次，连续 3 ~ 4 次。在发病中后期可用 58% 甲霜灵锰锌、69% 安克锰锌、50% 异菌脲等。注意轮换使用，尽量把药喷到叶片背面。

二、黄瓜白粉病

白粉病俗称白毛病，是黄瓜上常见的病害之一。黄瓜白粉病病菌的繁殖速度快，不到 7d 就可以传遍整个温室，造成黄瓜大面积减产。

【症状】

白粉病主要为害叶片，大多从老叶开始发生，极少为害茎秆。发病初期先在叶片正面产生单个或多个近圆形团状白色霉层，叶片背面也会产生白色霉层，为病菌产生的营养菌丝体。随着病害的加重，菌丝产生大量分生孢子，菌团相互连接成片，布满全叶，导致叶片枯死或脱落。白粉病病斑有沿着叶脉分布的特性，最初是叶脉周围发生，后随着病情加重，多个病斑连在一起，布满整个叶片（图6-93、图6-94）。

图6-93 黄瓜白粉病早期症状　　　　图6-94 黄瓜白粉病后期症状

【病原】

病原是单丝白粉菌，属子囊菌门真菌。因病原菌种类不同，白粉菌寄主范围也有不同，一般情况下一种植物仅发生一种白粉病，但也有例外。黄瓜白粉病病原菌主要有两个属：单囊壳白粉菌和二孢白粉菌，在全国主要是前者。

【发病特点】

病菌以闭囊壳随病残体越冬，也能在温室生长着的瓜类蔬菜上越冬。分生孢子借气流或雨水传播，从叶面直接侵入。病菌产生分生孢子的适温为15～30℃，相对湿度80%以上；孢子遇水时，易吸水破裂，萌发不利。温室大棚和田间在淹水后干旱，白粉病发病重，尤其当高温干旱，与高温高湿交替出现时，或持续闷热，白粉病极易流行。栽培密度过大、光照不足、氮肥过多，植株徒长、早衰都会促使白粉病发生。

【防治方法】

（1）农业防治　选择通风透光，土质疏松、肥沃，排灌方便的地块种植，要适当配合使用磷钾肥，防止脱肥早衰，增强植株抗病性。阴天不浇水，晴天多放风，降低温室大棚的相对湿度，防止温度过高，以免出现闷热。彻底消除棚室内的杂草、残体，防止病菌寄生。避免过量施用氮肥，增施磷钾肥，拉秧后清除病残组织等。

（2）物理防治　发病初期开始喷洒27%高脂膜乳剂80～100倍液，5～6d喷施1次，连喷3～4次，以在叶面形成保护膜，防止病原菌侵入。

（3）生物防治　白粉病发病初期，喷洒2%农抗120水剂200倍液4～

5d 喷 1 次，连喷 2 ～ 3 次。

（4）化学防治　发病初期及初盛期，可选用 40% 多硫胶悬剂 800 倍液、40% 硫黄胶悬剂 500 倍液，或选用 20% 三唑酮乳油 1 500 ～ 2 000 倍液、30% 氟菌唑可湿性粉剂 1 500 ～ 2 000 倍液，7 ～ 10d 喷 1 次，连喷 3 ～ 4 次；用浓度为 0.2% 的小苏打，在发病初期喷洒，也有较好的效果。为避免植株产生抗药性，药剂交替使用，7 ～ 10d 施用 1 次。一般在黄瓜成熟前 10 ～ 15d 停止用药。

三、黄瓜枯萎病

黄瓜枯萎病是大棚黄瓜的常见病和多发病，对黄瓜生产影响较大。一般新棚发病率为 5% ～ 10%，多年种植的老棚发病率在 30% 以上，防治不利可导致大棚黄瓜大面积死秧，造成严重减产。

【症状】

枯萎病是黄瓜发育中的一种常见病，在黄瓜生长初期发病，会导致黄瓜叶子发黄，黄瓜苗呈现倒立状，在空气湿度较大的情况下可能导致发霉，出现白色的霉丝。黄瓜开花期，引起的症状较为严重，刚发病时会导致根茎下部的叶子发黄，然后逐渐向上部发展，导致上部的叶子也出现发黄枯萎，直到整棵黄瓜都发黄枯死。在中午气温较高时发病现象较为明显，早晚气温较低时症状减轻，大约发病 7d 就会导致整棵枯死（图 6-95、图 6-96）。

图 6-95　黄瓜枯萎病叶片受害症状　　　图 6-96　黄瓜枯萎病田间表现症状

【病原】

黄瓜枯萎病由尖镰孢菌黄瓜专化型侵染所致，该病菌是半知菌亚门镰孢菌属真菌，病菌菌丝白色、棉絮状。该病菌能够产生一大一小两种类型分生孢子，大型分生孢子呈镰刀形或纺锤形，无色；小型分生孢子多产生于气生菌丝，呈无色透明状。

【发病特点】

病菌以菌丝体、菌核和厚垣孢子在土壤、病残体和种子上越冬，成为翌年的初侵染源。病菌随种子、土壤、肥料、灌溉水、昆虫、农具等传播。土壤中病原菌的量是当年发病程度的决定因素之一，重茬次数越多病害越重。土壤高湿、根部积水，促使病害发生蔓延。高温是病害发生的有利条件，病菌发育最适宜的温度为 24 ~ 27℃，土温 24 ~ 30℃。氮肥过多、酸性土壤，地下害虫、根结线虫多的地块病害发生重。

【防治方法】

（1）农业防治　选用抗病品种，培育壮苗，有条件的种植户可用嫁接育苗，以黑籽南瓜作为砧木，这样能有效防止枯萎病的发生。高厢起垄栽培栽种前，要对田块进行深翻处理，栽培时做到合理密植。栽种前，要施足腐熟的有机肥、磷肥、钾肥及少量氮肥，以提高黄瓜植株的抗病能力。

（2）生物防治　用青枯立克 100mL，兑水 5kg，对病部进行涂抹，2 ~ 3d 涂抹 1 次，连涂 2 次。用青枯立克 300 倍液、大蒜油 15 ~ 20mL 对严重病株及病株周围 2 ~ 3m 内区域植株进行小区域灌根，连灌 2 次，两次间隔 1d。也可用 6% 春雷霉素可湿性粉剂 200 ~ 400 倍液进行灌根处理，灌根时必须将病株周边的健株一起进行。

（3）化学防治　在黄瓜枯萎病发病的初期，将蒜头捣烂后，使用 20 倍清水进行浸泡，浸泡 0.5h 后获取过滤液。10% 的多抗霉素 1 000 倍液、瑞锌合剂 1 400 倍液与 50% 的多菌灵 500 倍液，每隔 1 周喷施 1 次，总共喷施 3 次。此外，还可在清早露水未干之时，在栽培基地撒上草木灰与石灰混合粉，二者按照 1:4 的比例进行混合施用。在黄瓜开花、结果期间，可使用 90% 晶体敌百虫 500g 与 500g 的 50% 多菌灵兑水 55kg 进行灌根处理，保证每棵植株灌入量为 200mL，10d 左右灌入 1 次，持续操作 2 次，能实现对枯萎病病情的有效控制。

四、黄瓜疫病

黄瓜疫病常被菜农称为死藤、瘟病等，刚发病时若疏于防治，一旦流行则很难控制，造成的直接经济损失十分严重，轻者减产 30% ~ 40%，严重时全田绝收。

【症状】

幼苗期受害，生长点初呈似水烫的暗绿色水渍状软腐，最后干枯尖秃。成株期发病，多从地面茎基部发病，先呈水渍状暗绿色病斑，病部软化缢缩。叶片逐渐下垂后全株枯死，叶片青枯，但病株维管束不变色。叶片发病，初呈圆形或不规则形暗绿色水渍状病斑，边缘无明显界限，湿度大时，病斑扩展很快。果实被害一般先从花蒂部发生，开始为水渍状、暗绿色的凹陷病斑，后软腐，表面生灰白色稀疏霉状物，果实迅速腐烂（图6-97、图6-98）。

图6-97　黄瓜疫病前期表现症状　　　图6-98　黄瓜疫病后期表现症状

【病原】

病原属鞭毛菌亚门真菌，称德氏疫霉。在黄瓜条上菌丝球状体大部分成串，常在发病初期孢子囊未出现前产生，从此长出孢囊梗或菌丝。

【发病特点】

黄瓜疫病为土传病害，以菌丝体、卵孢子及厚垣孢子随病残体在土壤或未充分腐熟的肥料中越冬，成为翌年的初侵染源，随风、雨水、灌溉水传播，病部产生分生孢子又借风雨传播，进行重复侵染。病菌在5～37℃下均可发育，湿度高是引发疫病的主要原因，浇水过多，土质黏重，施用未充分腐熟的肥料，病害易发生且发生重；疫病常发生在地势低洼、畦面高低不平易积水的田块，连年种植瓜类蔬菜的田块也易发病。

【防治方法】

（1）农业防治　建议保护地用耐病品种，露地用较抗病品种。选择排水性好、肥沃、地势较高的土地，进行高畦栽培。与非瓜类作物进行3～4年轮作或用黑籽南瓜作砧木，与黄瓜嫁接。严格控制生长前期的灌水量、次数，有条件地区可采用滴灌，并及时追施腐熟的有机肥。也可选择覆膜栽培以隔离病菌的传播。及时移除病株，对病穴消毒。收获后清洁田园，以减少病菌在田间累积。

（2）化学防治 每平方米苗床用25%甲霜灵可湿性粉剂8g与适量土拌匀撒在苗床上，大棚于定植前用25%甲霜灵可湿性粉剂750倍液喷淋地面。发病前喷药，尤其雨季到来之前先喷1次预防，雨后发现中心病株及时拔除后，立即喷洒，可用杜邦克露、69%安克锰锌、64%杀毒矾、60%甲霜锰锌、58%雷多米尔等500～1 500倍液灌根防治。每隔7～10d防治1次，病情严重时缩短至5d，连续防治3～4次。

五、黄瓜根结线虫病

近年来由于保护地瓜类、茄果类连年、连茬种植，根结线虫在土壤中逐年增加，已呈蔓延之势，有些地区发生严重，产量损失达30%～50%，甚至整棚、室毁种。

【症状】

黄瓜根结线虫病发生后，植株叶片暗淡无光，不久萎蔫、枯萎死亡。黄瓜根结线虫病主要为害黄瓜的侧根和须根。侧根或须根染病，产生瘤状大小不一的根结，浅黄色至黄褐色。根结上一般可以长出细弱的新根，在侵染后形成根结肿瘤。轻病株地上部分症状表现不明显，发病严重时植株明显矮化，结瓜少而小，叶片褪绿发黄，晴天中午植株地上部分出现萎蔫或逐渐枯黄，最后植株枯死（图6-99、图6-100）。

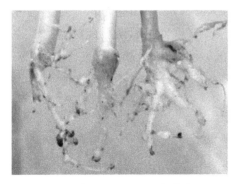

图6-99 黄瓜根结线虫根部受害症状 　图6-100 黄瓜根结线虫田间表现症状

【病原】

黄瓜根结线虫属线虫门垫刃目异皮线虫科根结线虫属。黄瓜根结线虫虫体很小，肉眼看不到，雌雄异型。雌虫体呈鸭梨形，固定在寄主根内，乳白色，表皮薄，有环纹。口针长为 15～17μm，口针明显向背部弯曲。卵产在尾端分泌的胶质卵囊内。卵囊长期留在衰亡的作物侧根、须根上。

【发病特点】

黄瓜根结线虫以卵随病残体在土壤中越冬，靠病土、病苗及灌溉水传播，一般在土壤中可存活 1～3 年。翌春条件适宜时，雌虫产卵繁殖，孵化后 2 龄幼虫侵入根尖，引起初次侵染。侵入的幼虫在根部组织中继续发育交尾产卵，产生新一代 2 龄幼虫，进入土壤中再侵染或越冬。根结线虫生存最适温度为 25～30℃，最适土壤含水量在 50% 左右，最易在结瓜期致病。

【防治方法】

（1）农业防治　选用抗病品种，嫁接苗选用南瓜作为砧木可以增强抗寒、抗病、抗线虫及根系吸收能力，促进早熟、增产。实行 4 年轮作制，即水旱轮作、蔬菜和粮食作物轮作、不同科间作物轮作、与葱蒜类轮作。加强管理彻底挖除病残体，并将其集中烧毁，病土壤用石灰进行消毒处理，消除虫源。加强栽培管理，选用无病土育苗，施用不带病残体或已腐熟的有机肥，能起到良好的预防效果。有条件的地块，对地表 10cm 或更深土层淹灌几个月，可起到防止根结线虫侵染、繁殖和增长的作用。黄瓜拉秧后，在炎热的夏季，深翻土地 20cm 左右，密闭棚室，然后在烈日下暴晒 20～30d，能有效预防根结线虫的发生。

（2）化学防治　土壤处理，在定植之前，选用 1.8% 阿维菌素乳油 30 L/hm²，拌细沙土 1 500kg/hm²，均匀撒施地表，再翻耕 10cm 深，防效可达 90% 以上；或选用 0.5% 阿维菌素颗粒剂 45～60kg/hm²，拌细沙土 300kg/hm²，定植前穴施 250mL。药剂灌根，黄瓜生长期初显症状时用 1.8% 阿维菌素乳油 15.0 L/hm²，兑水稀释成 1 000～1 500 倍液灌根进行防治，持效期可达 60d 左右。

六、番茄黄化曲叶病毒病

番茄黄化曲叶病毒病是番茄的主要病害之一，也是一种杀伤性非常强的病害，损失一般在 30%～50%，严重时损失可达 100%。

【症状】

番茄植株感染番茄黄化曲叶病毒后初期主要表现为生长发育迟缓或者生长停止，植株顶端黄化，植株变矮，节间缩短，叶面变小变厚，叶子脆硬，容易折断，在叶片上存在的大量褶皱，叶子向上卷曲，叶片边缘和叶脉区域黄化，以植株顶端部分患病针状最为明显，下部老叶植株症状不是很明显。发病后期表现为结果率下降，果实变小不能正常生长发育，果实膨大速度变慢，成熟期的果实不能正常变为红色，果实坚硬（图6-101、图6-102）。

图6-101　番茄黄化曲叶病毒病前期症状　　　图6-102　番茄黄化曲叶病毒病后期症状

【病原】

病原为番茄黄化曲叶病毒。该病毒属于双生病毒亚组，是一种由烟粉虱传播的单链环状 DNA 病毒。番茄黄化曲叶病毒主要由烟粉虱传播，其中 B 型烟粉虱繁殖快、适应能力强、传毒效率高，是番茄黄化曲叶病毒最主要的传播介体。

【发病特点】

番茄的黄化曲叶病毒主要依靠烟粉虱带病毒传播。播种过早，气温较高时，是烟粉虱最适宜的繁殖期和传播期，大大增加了感染病毒的概率。幼苗生长期高温、高湿的气候条件下，加大了病毒的传播性。番茄幼苗时期，生长过嫩，氮肥施用过多，增加了烟粉虱和病虫害侵蚀的概率。播种密度较高，行间距不足，耕作粗放，苗株生长过密，多年重茬、不及时除草，杂草内和往年植被上都有可能携带烟粉虱和大量病毒。

【防治方法】

（1）农业防治　番茄黄化曲叶病毒病的防治措施都是遵循预防为主，选择耐用性的抗药品种，预防烟粉虱的发生。烟粉虱不耐低温，在 −4℃的温度下，大约 6h 后烟粉虱就全部死亡，可以选择在冬季进行播种。利用夏季进行高温闷棚，春季蔬菜种植时进行低温冻棚，可以进行杀毒，能够杀死烟粉虱。全面防控烟粉虱，摘除植株有虫、卵的枝叶，降低虫量。

（2）物理防治　番茄黄化曲叶病毒病由烟粉虱传播，因此在移栽前大棚普遍设置防虫网，在棚室的上下风口、门口都要用40～60目的防虫纱网，阻隔烟粉虱成虫。这是防治番茄黄化曲叶病毒病的必要措施，同时在棚内悬挂诱虫板，压低初始虫量，也值得大力提倡。

（3）生物防治　采用烟粉虱的天敌进行防治，如丽蚜小蜂、微小花蝽、小黑瓢虫等。目前应用最为广泛的是寄生性天敌丽蚜小蜂，将丽蚜小蜂与化学农药吡虫啉配合使用，效果更佳。当每株番茄植株上烟粉虱成虫数量在0.5～1.0头时即可放蜂，每10d放蜂1次，连续4次，第一次放蜂每株3头，以后每株6头。

（4）化学防治　对烟粉虱发生量大的地块，采取化学药剂喷雾防治，可选用1.8%阿维菌素乳油3 000倍液，或10%吡虫啉可湿性粉剂1 500倍液，或25%噻嗪酮2 000倍液，或20%异丙威烟剂等防治。药剂可轮换使用，不可随意提高浓度，避免使烟粉虱产生抗药性。

七、番茄晚疫病

晚疫病从苗期一直到结果期都可为害番茄，一旦发生，也很难防治，往往会造成绝产。

【症状】

苗期染病，从嫩叶开始，叶片出现暗绿色水浸状病斑，干湿交替时可长出白色霉层。成株期叶片染病，形成暗绿色水浸状边缘不明显的病斑，扩大后呈褐色；湿度大时，叶背病健交界处可长出白色霉状物，高温时叶片霉烂。茎部染病，初期病斑呈暗绿色，然后变黑褐色至棕褐色，长条状稍凹陷。青果染病，近果柄处油浸状，逐渐向果实蔓延，后期逐渐变黑褐色至棕褐色，稍凹陷，病部较硬，边缘呈明显的云纹状。湿度大时生有白霉，迅速腐烂（图6-103、图6-104）。

图6-103　番茄晚疫病叶片受害症状　　图6-104　番茄晚疫病果实受害症状

【病原】

该病由疫霉菌侵染所致。该菌属鞭毛菌亚门、疫霉属真菌。菌丝无色，无隔膜，在寄主细胞间隙生长，以很少的丝状吸器伸入寄主细胞内吸取营养。病斑上的白霉是病菌的孢囊梗和孢子囊。孢囊梗 3～5 根成丛由叶背气孔伸出。孢囊梗纤细，上部常有 3～4 个分枝，其顶端膨大形成孢子囊。

【发病特点】

番茄晚疫病病菌主要在种子、病残体及土壤中越冬，借风雨传播，病菌潜伏期 3～4d。遇到长期低温、阴雨连绵、多雾结露等条件，有可能重发。日光温室内，在 20～25℃、相对湿度 95%～100% 且有水滴或水膜条件下，病害易流行。地势低洼，排灌不良，过度密植，行间郁蔽，田间湿度大，易诱发此病。与马铃薯连作或邻茬的地块易发病。土壤瘠薄，追肥不及时，偏施氮肥造成植株徒长，或肥力不足，植株长势衰弱，均利于病菌侵染。

【防治方法】

（1）农业防治　选播抗病品种培育适龄壮苗，选用抗病品种，培育适龄壮苗。冬季定植进行地膜覆盖，控制好环境条件，使空气相对湿度在 85% 以下。根据不同品种生育期长短、结果习性，采用不同的密植方式，合理密植，可改善田间通风透光条件，降低田间湿度，减轻病害的发生。实行配方施肥，避免偏施氮肥。定植后，要及时防除杂草，根据不同品种结果习性，合理整枝、摘心、打杈，减少养分消耗，促进主茎的生长。

（2）化学防治　番茄晚疫病初期，可以选择使用 75% 百菌清可湿性粉剂 800 倍液、58% 甲霜·锰锌可湿性粉剂 800 倍液、25% 甲霜灵可湿性粉剂 1 000 倍液、10% 苯醚甲环唑水分散粒剂 1 200 倍液、50% 多菌灵可湿性粉剂 800 倍液、35% 精甲霜灵乳剂 800 倍液喷雾防治。每隔 5～7d 喷雾防治 1 次，连喷 2～3 次。或使用 50% 甲基托布津可湿性粉剂 300 倍液或 56% 嘧菌酯·百菌清悬浮剂 1 200 倍液涂抹病株颈部病斑，每 7～8d 用药 1 次，连续用药 2～3 次。

八、番茄灰霉病

番茄灰霉病是多循环侵染病害，具有发病时间早、发生普遍、持续时间长、蔓延速度快、流行区域广、为害程度重的特点，严重影响番茄的产量和质量。

【症状】

叶片发病，多从叶尖或边缘开始呈"V"形向外扩展，初成水浸状，展开后呈黄褐色、深浅相间的轮纹，外沿褪绿变黄并产生灰色霉层。花瓣及柱头染病，呈灰褐色，湿度大时呈黑褐色，产生霉层。发病果实的果皮初成灰白色、水浸状，病斑很快扩展为不规则大斑，并逐渐出现灰褐色霉层，最后病果失水成为僵果。茎秆发病，产生水浸状小斑，后发展为椭圆形或不规则形病斑，潮湿时表面生灰褐色霉层，严重时可引起病部以上植株枯死（图6-105、图6-106）。

图6-105　番茄灰霉病叶片受害症状　　　　图6-106　番茄灰霉病果实受害症状

【病原】

番茄灰霉病病菌丝有隔，菌丝分枝顶端膨大呈棒头状或局部膨大呈梨形，其上密生小柄并着生分生孢子。分生孢子圆形至椭圆形，田间条件恶化致使番茄灰霉病产生黑色片状菌核。

【发病特点】

番茄灰霉病病原菌以菌核或菌丝体及分生孢子梗随病残体在土壤或病残体上越冬越夏，病菌发育适温为 20 ～ 30℃，耐低温，4 ～ 31℃都可大量产生孢子；番茄苗期棚内温度 15 ～ 30℃，在寡照条件下，相对湿度 85% 以上或幼苗表面有水膜、水珠时易发病。花期最易感病，借气流、灌溉及农事操作从伤口、衰老花器侵入，如遇连阴雪或寒流大风天气，放风不及时、种植密度过大、幼苗徒长，整枝不及时，分苗移栽时伤根、伤叶，病情加重。

【防治方法】

（1）农业防治　选用优质、丰产、具有抗性的番茄品种。选用健康种子并进行种子处理，发病初期及时摘除病叶、病果及残枝等病残体，并集中烧毁或者深埋来消灭田间菌源。培育壮苗，选择肥沃疏松、营养物质均衡的营养土，施用优质腐熟的有机肥。合理密植，增强通风透光；同时要注意不同番茄品种定期轮换栽培。加强栽培管理。定植前施足底肥，及时追肥，氮磷钾肥要合理配比。严格控制浇水，把控浇水时间，阴雨天要避免浇水。

（2）生物防治　发病前用 30mL 霉止兑水 1kg，发病时用 50mL 霉止加 15mL 大蒜油兑水 1kg 进行喷雾。或用 3 亿 CFU/ 克哈茨木霉菌叶部型 300 倍液稀释，7d 防治 1 次。

（3）化学防治　发病前预防，定植前对苗用 50% 多菌灵可湿性粉剂 500 倍液或 50% 腐霉利可湿性粉剂 1 500 倍液进行喷雾；沾花时，在防落素稀释液或 2,4-D 中，加入上述药剂进行涂抹或者沾花，保证花器着药；浇催果水前 1d 用药。发病后防治，发病初期用药：喷洒 50% 腐霉利可湿性粉剂 2 000 ～ 2 200 倍液、36% 甲基硫菌灵悬浮剂 500 倍液或 40% 多硫悬浮剂 600 倍液，每隔 7 ～ 10d 喷 1 次，连续喷 3 ～ 4 次。必须用药时，应注意多种杀菌剂轮换交替使用。

九、番茄溃疡病

番茄溃疡病是番茄毁灭性病害，一旦发生较难防治。轻者减产 10% ～ 20%，重者减产 60% 以上。

【症状】

幼苗染病，表现为秧苗或叶片的一侧出现干枯，叶片从下向上逐渐枯萎，严重时植株矮化或者枯死。成株期感病，初期叶柄、叶脉上有小白点，后期下部叶片凋萎、卷缩，似缺水状，一侧叶片干枯，湿度大时茎秆上有根原基出现，茎秆切开后会发现髓部一侧褐变，湿度再大时，会有褐色菌脓出现。果实感病出现白色圆形小点，后期病斑扩大，类似肿眼泡，果实出现皱缩、畸形、发育滞后的情况，果实内种子很小，呈黑色，种子不成熟（图 6-107、图 6-108）。

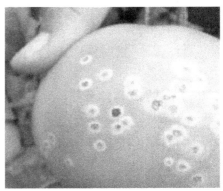

图 6-107　番茄溃疡病茎部受害症状　　图 6-108　番茄溃疡病果实受害症状

【病原】

番茄溃疡病病原菌为密执安棒型菌密执安亚种，属厚壁菌门、棒形杆菌属。菌体短杆状或棒状，革兰氏反应阳性，无芽孢、有荚膜、无鞭毛，无运动性，严格好氧。生长最适温度28℃，超过35℃则不能生长，需氧，生长pH值4.5～9.5，最适pH值7.5～8.5。

【发病特点】

番茄溃疡病病原菌可在番茄植株、种子和病残体上越冬，存活能力强，在干燥的种子上可存活20年，并随种子、种苗及病果进行远距离传播。高湿、低温（18～24℃）适于病害发展，高温（≥35℃）时病害会停止发展。播种带菌种子，幼苗即可发病，并通过伤口、气孔、叶片毛状体或果实表面直接侵入植株或果实而造成病害流行。夏季温暖潮湿，阴雨天多、湿度大、雾气大、结露时间长和连作都有利于番茄溃疡病发病。

【防治方法】

（1）农业防治　进行种子消毒，之后要清水充分冲洗，晾干后催芽。旧床土要在播种前两周用40%福尔马林50倍液消毒，其他用具用40%福尔马林30～40倍液浸泡或淋洗式喷雾消毒。与非茄科蔬菜如白菜、豆角等实行3年以上的轮作，发现病株及时拔除、深埋或烧毁。在番茄生长期间及时中耕除草，平衡水肥，追肥要控制氮肥的施用量，增施磷钾肥。适时通风透光，有利于番茄生长，提高抗病性。及时降低田间湿度，提高植株的抗病能力。

（2）化学防治　在发病初期，用20%噻菌铜悬浮剂500倍液加47%加瑞农可湿性粉剂500倍液，对茎秆病部气生根及以下喷淋，然后在根茎部灌根，每株100～150mL，每5～7d灌1次，连续防治2～3次。如发病较为严重时，以上药剂再加入150g/L液态有机碳（或28g/L海藻酸）300倍液进行灌根，以控制病菌的二次侵染，同时促进新根萌发，提高植株抗性。

十、白菜软腐病

白菜软腐病又叫腐烂病、脱帮等，与白菜病毒病、白菜霜霉病合称大白菜的三大病害，主要发生在北方地区。白菜软腐病不仅发生普遍而且为害期长，很容易大面积流行，造成严重减产，给农业造成了巨大损失。

【症状】

坚实的组织受侵染后，先呈水渍状，逐渐腐烂，最后患部水分蒸发，组织干缩。柔嫩的组织受到侵害时，呈浸润半透明状，后呈褐色，随即变为黏滑软腐状。菜株腐烂有的从根髓或叶柄基部向上发展蔓延，有的从叶片虫伤处向四周蔓延，最后整个菜头腐烂。发病严重的植株叶柄基部和根茎处心髓组织完全腐烂，充满灰黄色黏稠物，臭气四溢，易用脚踢落。腐烂的病叶在晴暖、干燥的环境下，可以失水干枯变成薄纸状（图 6-109、图 6-110）。

图 6-109　白菜软腐病基部症状

图 6-110　白菜软腐病叶片症状

【病原】

病原为欧文氏菌属细菌。菌体短杆状，有周鞭 2 ～ 8 根；无荚膜，不产生芽孢，革兰氏染色阴性反应；在琼脂培养基上菌落为灰白色，圆形至变形虫形，稍带荧光性，边缘明晰。病原细菌生长温度 4 ～ 36℃，最适温度为 25 ～ 30℃。缺氧条件下可生长；适宜 pH 值为 7.0 ～ 7.2；致死温度为 50℃，不耐干燥和日光。

【发病特点】

前茬作物是软腐病病菌的寄主，病菌在病残体、种株、土壤和有机肥料中越冬，成为翌年的初侵染菌源。病菌在 4 ～ 38℃均可繁殖，适温在 27 ～ 30℃，病菌不耐光照和干燥，在强光下曝晒 2h，大部分病菌即死亡。病菌借雨水、灌溉水等自然媒介从白菜的伤口传播，或是没有消毒的种子带菌，昆虫或人为生产中带菌，都可造成再侵染。低洼地发病多，氮肥过多植株徒长、包心期遇高温、多雨潮湿天气病害严重发生。

【防治方法】

（1）农业防治　选用抗病品种，采用精细整地、高垄种植，做好田间管理。田间发现重病株后，应及时将其拔除，尤其是在雨前或灌水前。拔除病株后，要在病穴内撒石灰后再用土填实。收获后要及时清理田间遗留的病残体，以免病菌留存。田间作业时要防止伤根、伤叶等现象。增施磷钾肥和有机肥，控制氮肥施用量，做到底肥足、早追肥，促进白菜苗期旺盛生长，增强植株抗病性。

（2）化学防治 72% 农用硫酸链霉素可溶性粉剂 3 000 ~ 4 000 倍液、新植霉素 4 000 倍液、14% 络氨铜水剂 350 倍液、77% 可杀得可湿性粉剂 600 倍液，以上药剂隔 10d 防治 1 次，连防 2 ~ 3 次，还可兼治黑腐病、细菌性角斑病、黑斑病等。另可用 14.5% 多效灵水溶性粉 300 ~ 500 倍液在定苗后浇根部。

十一、白菜病毒病

白菜病毒病是白菜的三大病害之一，在全国各地均有发生，其中华北、东北地区受害最为严重。该病会影响大白菜的产量和品质，常使大白菜减产 10% 以上，受害严重时减产高达 50% ~ 70%。

【症状】

白菜各生育期均可发病。病苗心叶产生明脉，沿脉褪绿，继而呈花叶及皱缩并变脆，心叶扭曲畸形，有时叶脉上产生褐色坏死斑，成株期病株矮缩，有时叶片上密集黑褐色小环斑，有的病株叶片上呈现大小不等的黄褐色环斑，叶球内部叶片上常有灰色斑点，有病叶球不耐贮存，病株根系不发达，须根很少，根内部变浅褐色，严重病株不能结球（图 6-111、图 6-112）。

图 6-111 白菜病毒病叶背面表现症状　　图 6-112 白菜病毒病病株症状

【病原】

白菜病毒病的主要毒原种类有芜菁花叶病毒、烟草花叶病毒和黄瓜花叶病毒，其次还有车前草花叶病毒等。

【发病特点】

病毒可在窖藏大白菜、萝卜、甘蓝等留种株上及田间的菠菜、杂草上越冬。病毒在田间主要是靠蚜虫传播。传毒蚜虫主要是菜缢管蚜和桃蚜，其次是瓜蚜和甘蓝蚜。一般白菜苗期发病重，若天气干旱、气温高，有利于蚜虫的繁殖与活动，病害发生重；降水不利于蚜虫活动，所以在大白菜播种前后，若有大雨或阴雨连绵，病毒病就发生得轻。早间苗早定苗，培育健壮个体，增强抗病力，不利于病毒的发生。

【防治方法】

（1）农业防治　品种选择上应尽量选植株高筒而直立，外叶厚的青帮品种。适时晚播躲过高温和蚜虫猖獗期。病毒病可用10%磷酸三钠浸种20min，捞出用清水冲洗干净，晾干后播种。尽量避免以速生的十字花科蔬菜为前茬或与其邻地间作，减少病源传播。增施有机肥，促进根系发育。苗期应抓好以降低地温，保护根系为中心管理措施。暴雨猛晴后及时用井水降温；雨后及时浅中耕，破除板结，提高植株抗病力；拔除病苗，减少病毒传播。

（2）物理防治　遮阳网具有防高温、强光、暴雨，减轻病虫害等诸多优点。尤其夏白菜使用银灰遮阳网，高度为1m，既能有效减少蚜虫，又可以预防病毒病发生。

（3）化学防治　苗期易发病，要及时防治。可用50%抗蚜威可湿性粉剂2 000～3 000倍液，或10%吡虫啉可湿性粉剂1 500倍液等喷施防治，8～10d喷1次，连用2～3次。并用20%病毒净500倍液等对病穴及周围喷施消毒。发病后可用0.5%抗毒剂1号水剂300倍液，或1.5%的植病灵乳剂1 000倍液，或20%病毒净500倍液等喷雾防治，5～7d喷1次，连用2～3次。

十二、白菜霜霉病

白菜霜霉病又叫白霉、霜叶病，是白菜及十字花科重要病害之一。

【症状】

白菜叶片染病，莲座期一般先从外部叶片发病。发病初始叶片正面出现淡绿色或黄绿色水渍状斑点，后扩大呈淡黄色或灰褐色，边缘不明显，病斑扩展时常受叶脉限制而呈多角形。在病情盛发期，数个病斑会相互连接形成不规则的枯黄叶斑，潮湿时与病斑对应的叶背面长有灰白色霉层（图6-113、图6-114）。

【病原】

白菜霜霉病病原为鞭毛菌亚门卵菌纲霜霉属寄生霜霉，菌丝体无色，无隔，在丝胞间生长，靠吸器伸入细胞内吸水分和营养，吸器为囊状、球状或分叉状。无性繁殖时，从菌丝上生出孢囊梗，由气孔伸出，无色，无隔，单生或 2 ～ 4 根束生。孢子囊无色，单胞，长圆形至卵圆形，萌发时多从侧面产生芽管，不形成游动孢子。卵孢子单胞，球形，黄褐色，表面光滑，胞壁厚，表面皱缩或光滑。

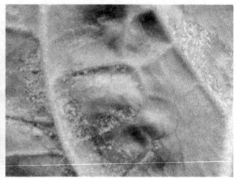

图 6-113　白菜霜霉病叶正面为害症状　　　图 6-114　白菜霜霉病叶背面为害症状

【发病特点】

病菌以菌丝体在病株、采种株上越冬，或以卵孢随病残体在土壤中越冬，条件适宜时侵染。病菌借风、雨传播，从表皮和气孔侵入，引起发病。田间有多次再侵染，温度和湿度也会影响病害发生和流行。病菌孢子囊的形成、萌发和侵入要求稍低的温度和较高的湿度。多阴雨，昼夜温差大，有利于病害发生。白菜播种早，密植连作、缺肥，霜霉病发生也重。

【防治方法】

（1）农业防治　选用抗病品种，播种前可用盐水选种。种子消毒，适期播种，合理密植。合理施肥，施足基肥，分期增施磷、钾肥，以利于白菜包心和增强抗耐病能力。水分管理，结合施肥淋施清粪水，并及时中耕，雨季注意排水，促进白菜根系生长健壮，减少病害发生。合理轮作，重病区与非十字花科作物轮作两年以上，以减少病菌侵染来源。

（2）化学防治　在发病初期或发现中心病株时，摘除病叶立即喷药防治，喷药后天气干旱，可不必再喷药。如遇阴天或多雾等天气，则隔 5 ～ 7d 再继续喷药，雨后必须补喷 1 次。常用药剂有 75% 百菌清可湿性粉剂 600 倍液、50% 灭菌丹可湿性粉剂 500 倍液、65% 代森锌可湿性粉剂 500 倍液、25% 甲霜灵可湿性粉剂 1 000 ～ 2 000 倍液、90% 乙磷铝可湿性粉剂 800 倍液加高锰酸钾 1 000 倍液。

十三、白菜根肿病

根肿病是白菜类发生较为严重的病害之一，严重发病时，全田 80% ～ 100% 发病，大大地减少白菜的产量。

【症状】

根肿病主要为害白菜根部，病根受病菌刺激，薄壁细胞大量分裂，引起主根或侧根形成数目和大小不等，形似指状、短棒状或球形的肿瘤。肿根的出现损害根系的生长和吸收能力，使植株生长缓慢、明显矮小，晴天高温时叶片表现下垂、萎蔫，晚间和阴雨天恢复正常，后来不再恢复。受害植物生长发育迟缓，不能形成叶球，造成产量下降，品质降低（图 6-115、图 6-116）。

图 6-115 白菜根肿病根部症状　　　图 6-116　白菜根肿病田间症状

【病原】

白菜根肿病病原是鞭毛菌亚门根瘤菌属芸薹根菌属的真菌，该菌属于专性寄生菌，只能侵染十字花科 100 余个种和变种的栽培和野生植物，该菌有 9 个生理小种，我国有 2 个生理小种。寄主根部细胞内的病菌形成休眠孢子囊，散生，球形单胞，略带灰色或无色，呈鱼卵块状，其抗逆性很强，可在土壤中存活多年。

【发病特点】

病菌以休眠孢子囊在土壤中，或黏附在种子上越冬，并可在土中存活多年，孢子囊借雨水、灌溉水、害虫及农事操作等传播。萌发产生游动孢子侵入寄主，经 10d 左右根部长出肿瘤。病菌在 9 ～ 30℃均可发育，适温 23℃，适宜相对湿度 50% ～ 98%。土壤中含水量低于 45% 病菌死亡，适宜 pH 值

6.2，pH 值 7.2 以上发病少。一般低洼处及水改旱田后或氧化钙不足发病重。

【防治方法】

（1）农业防治　选用无病菌苗床育苗，合理安排茬口，科学轮作。由于白菜根肿病的病原菌在土壤中存活的时间较长，所以必须实施科学轮作。菜地应与非十字花科作物轮作 3 年以上，水旱轮作更好。调节土壤酸碱度，提高 pH 值，地势低、排灌水不畅、土壤含水量高的田块，采取宽沟高畦栽培。测土配方施肥利用先进的测土配方施肥技术，合理搭配施用氮、磷、钾肥，并将磷、钾肥作底肥一次性施入。

（2）化学防治　发病初期浇灌 15% 恶霉灵水剂 500 倍液，或 70% 甲基硫菌灵可湿性粉剂 600 倍液，或 50% 多菌灵可湿性粉剂 500 倍液，用药量为 0.4 ～ 0.5 L/株，隔 7d 浇灌 1 次，连灌 2 ～ 3 次，或用 40% 五氯硝基苯粉剂 500 倍悬浮液 2 ～ 3 L 拌土 40 ～ 50kg 开沟施于垄内。

十四、辣椒病毒病

辣椒病毒病是辣椒生产中为害较重的一种病害。轻者减产 20% ～ 30%，一般可减产 60% ～ 70%，严重发病时可导致绝收。

【症状】

辣椒病毒病是由病毒引起的病害，最常见的症状有 3 种。一是花叶型，叶片呈黄绿相间的花叶，严重的病叶皱缩畸形；二是坏死条斑型，叶片主脉呈褐色或黑色条状坏死，并沿叶脉蔓延到侧枝、茎秆，常导致落叶、落花、落果；三是叶畸形和丛簇型，感病植株叶片变窄呈线状，形似柳叶，后期植株上部节间变短，明显矮缩呈丛簇状，病果呈现深绿色相间的花斑（图 6-117、图 6-118）。

图 6-117　辣椒病毒病花叶型　　　　图 6-118　辣椒病毒病叶畸形

【病原】

辣椒病毒病的病原已报道有十几种，我国报道的侵染辣椒的主要毒源种类有烟草花叶病毒（TMV）、黄瓜花叶病毒（CMV）以及两种病毒的复合病毒，两种病毒分布广、寄主广泛。此外，还有马铃薯 X 病毒（PVX）、马铃薯 Y 病毒（PVY）、蚕豆萎蔫病毒（BBWV）、苜蓿花叶病毒（AMV）等，各种病毒所占比例因地区差异有所不同。

【发病特点】

黄瓜花叶病毒的寄主很广泛，主要由蚜虫传播。烟草花叶病毒可在干燥的病株残枝内长期生存，可由种子带毒，经由汁液接触传播侵染。高温干旱天气，不仅可促进蚜虫传毒，还会降低辣椒的抗病能力，黄瓜花叶病毒为害重。阳光强烈，病毒病发生随之严重。与茄科作物连作，地势低洼及辣椒缺水、缺肥或施用未腐熟的有机肥，植株生长不良时，病害容易流行。

【防治方法】

（1）农业防治　选用抗病品种，通过晒种或干热处理、温水浸种和药剂处理的方式进行种子处理。合理轮作，应当与玉米等非茄科作物进行 2～3 年的轮作，并扩大与番茄、黄瓜等易感病作物的种植间隔。加强田间管理，适期早播，施足基肥，增施磷肥、钾肥，并在生长季节多次追肥，提高辣椒抗病性；气温高时多浇水，以加大空气湿度，并降低地表温度。

（2）物理防治　采用 60 目防虫网对传毒昆虫进行有效的物理隔离，利用蚜虫、粉虱对黄色以及蓟马对蓝色有强烈趋向性的特点，悬挂黄蓝板诱杀成虫。黄蓝板与性诱剂相结合效果更佳，能较大程度上降低传毒昆虫的虫口密度，从而减轻病毒病的发生。

（3）化学防治　采用治虫、防病毒、调节代谢等多种药剂混合复配施用，避免单一用药。在蚜虫发生期间，可用 20% 吡虫啉可湿性粉剂 2 500 倍液，或扑虱蚜 1 500 倍液，或 40% 克蚜星乳油 800 倍液，或功夫乳油 4 000 倍液等药剂交替喷杀。在发病前或发病初期，可用治虫药剂加 NS-83 增抗剂 1 000 倍液加 1.5% 植病灵水剂 1 000 倍液加绿芬威 1 号 1 500 倍液，或用治虫药剂加 2% 宁南毒素水剂 500 倍液加叶康 600 倍液，或用治虫药剂加 20% 病毒 K500 倍液加小叶敌 600 倍液喷施防治。

十五、辣椒疫病

辣椒疫病对辣椒是一种致命的疾病，其特点是起病短、病程快，会导致田块死亡植物的数量在 20% ～ 30%，造成巨大的破坏。

【症状】

辣椒疫病苗期、成株期均可发生，根、茎、叶、果等都可染病。苗期发病，茎基部呈暗绿色水浸状软腐或猝倒。叶片染病，多从叶边缘开始侵染，病斑较大，近圆形或不定形，初期水浸状，湿度大时长出白色霉层。茎和枝部染病，病斑初为水渍状，后形成褐色不规则条斑，病部以上枝叶迅速凋萎枯死，以茎基部发病为害最为严重，病斑初为水浸状，后出现环绕表皮扩展的褐色或黑色条斑，造成地上部折倒或急速凋萎青枯（图 6-119、图 6-120）。

图 6-119　辣椒疫病叶片受害症状　　　图 6-120　辣椒疫病果实受害症状

【病原】

辣椒疫病属鞭毛菌亚门疫霉属真菌。菌丝丝状，无隔，孢囊梗无色，丝状，孢子囊顶生，单胞，卵圆形，厚垣孢子球形，厚壁，单胞，黄色。卵孢子球形，直径约 30μm，但不多见。

【发病特点】

病菌主要以卵孢子、厚垣孢子在病残体或土壤及种子上越冬。条件适宜时，越冬后的病菌经雨水飞溅或灌溉水传到茎基部，引起发病。重复侵染主要来自病部产生的孢子囊，借雨水传播。病菌生长发育适温 30℃，最高在38℃，最低 8℃，田间 25 ～ 30℃，相对湿度高于 85% 发病重。大雨后天气转晴，气温急剧上升病害流行。土壤湿度 95% 以上，尤其近地面湿度 95% 以上，持续 4 ～ 6h，病菌即完成侵染，2 ～ 3d 就可发生 1 代。

【防治方法】

（1）农业防治　严格实行轮作，将其与禾本科作物轮作，时间通常为 3年，如果与大蒜进行种植，对于病情的防御有明显的效果。选用抗病品种，合理密植，保持植株之间的通风效果，减低湿度。加强田间管理，施肥要足，要进行配方施肥，这样能够增加肥力，要防止大水漫灌，尤其是在高温环境下，切不可大量浇水。清洁田园在辣椒摘取之后，要及时对田园进行清理和翻土，从而减少病害发生。

（2）生物防治 可以利用哈茨木霉进行生物防治。哈茨木霉对于辣椒抗霉菌具有较强的抑菌活性，有较好的预防疫病效果，是辣椒疫病生物防治中有效的菌株。

（3）化学防治 播前深翻土壤，每亩撒施50%多菌灵可湿性粉剂2～3kg。种子消毒52℃温汤浸种30min。发病初期防治发现病株后，不可立即浇水，将重病株拔除，带出棚外处理，再进行喷雾及灌根处理。用10%苯醚甲环唑1 500倍，或77%可杀得可湿性粉剂400～500倍液灌根或喷雾，或75%甲霜灵可湿性粉剂800倍液灌根。阴雨天尽量用烟熏法或喷粉法防治，用45%百菌清烟雾剂250～300g/亩，或5%百菌清粉尘剂每次1kg/亩，既能防治病害又可降低棚内湿度。

十六、芹菜斑枯病

芹菜斑枯病又称叶枯病、晚疫病，俗称火龙，是冬春保护地芹菜栽培中的一种常见真菌性病害，对芹菜的产量和质量都有很大影响。

【症状】

芹菜斑枯病主要为害叶片，其次是叶柄和茎。老叶先发病，从外向里延伸。病斑初为淡褐色油浸状的小斑点，边缘明显，以后发展为不规则斑，颜色由浅黄色变为灰白色，边缘深红褐色，且聚生很多小黑粒，病斑外常有一圈黄色的晕环。叶柄、茎部病斑褐色，长圆形稍凹陷，中向散生黑色小点，严重时叶枯茎烂（图6-121、图6-122）。

图6-121 芹菜斑枯病茎部受害症状　　图6-122 芹菜斑枯病叶部受害症状

【病原】

芹菜壳针孢是芹菜斑枯病病害发生病原菌，该类病原菌属于半知菌亚门真菌，此类病菌的分生孢子形状为球形，主要在植株表皮下寄生发展，若遇降水，会从气孔中溢出大量的分生孢子，分生孢子形状主要为线形，或直或弯，顶端并不尖锐，且稍见顿挫，存在 0 ~ 7 个分隔，大部分在 3 个左右。

【发病特点】

芹菜斑枯病病菌以菌丝体在种子内外、植物根部、病残上越冬。在适宜环境下，病菌形成分生孢子器和分生孢子，借风、雨、水、农具、农事和人为因素等传播，分生孢子遇水滴萌发产生芽管从气孔或直接侵入寄主。冷凉多湿的气候条件有利于病害的发生和流行。在温度为 20 ~ 25℃和多雨的条件下病害发生重。冬、春季棚室内昼夜温差大，结露时间长，得病重。重茬地、低洼地、种植过密、施肥不足、生长势弱的地块病害较重。

【防治方法】

（1）农业防治　种子消毒，用 75℃水浸泡 1min 后加凉水并不断搅拌，使水温降到 30℃继续浸泡 4 ~ 6h 后捞出。合理轮作，与茄科、豆科等作物实行 2 年以上轮作。彻底清除田间病残株，并深翻土壤。冬季收获后要及时早深翻、接纳雨雪，以利冻死病虫害和疏松土壤。深翻要 40cm 以上，翻地时间不能晚于定植前 20d。施足底肥，合理灌溉。浇地前收听天气预报，晴天或无雨多云天再浇水，浇水后注意放风排湿。

（2）化学防治　熏烟，芹菜斑枯病发病前和发病初期为阴雨天或棚内湿度较大，应采用烟剂或粉尘剂防治，药剂可选用 45%百菌清烟剂（每亩用量 300g）、扑海因烟剂（每亩用量 200g）、5%百菌清粉尘剂（每亩用量 1kg）等。5 ~ 7d 熏 1 次，药剂交替使用，连续防治 2 ~ 3 次。喷雾防治，发病初期可选用 75%百菌清可湿性粉剂 800 倍液、50%甲基硫菌灵可湿性粉剂 600 倍液、65%代森锌可湿性粉剂 600 倍液等喷雾防治，视病情 5 ~ 7d 防治 1 次，连续防治 2 ~ 3 次。

十七、芹菜根结线虫病

芹菜根结线虫病是芹菜园地重要病害之一，为害芹菜根部，可致植株不结实或结实不良。

【症状】

芹菜根结线虫病只发生在根部，嫩的侧根和支根最易受害。发病初期，在侧根和支根上产生很多大小、形状不等的瘤状根结，开始呈白色，后逐渐变浅黄褐色或深褐色，表面粗糙，切开根结，可见乳白色细小的梨形雌虫。一般发病比较轻的植株地上部分没有明显症状，发病重的植株，地上部分表现明显生长不良，植株较矮小，叶色暗淡，在天气干旱或浇水不及时时，常表现缺水萎蔫状，当早、晚气温较低或浇水后，暂时萎蔫的植株又可恢复正常（图6-123、图6-124）。

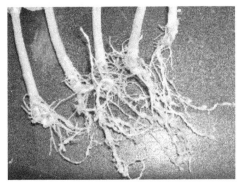 

图6-123 芹菜根结线虫病根部症状　　图6-124 芹菜根结线虫病田间表现症状

【病原】

病害主要由南方根结线虫、爪哇根结线虫侵染引起。线虫雌雄体形态各异，雄虫细线形，无色或乳白色，尾部钝圆，在土壤或寄主体内生活。雌虫初期也呈长线形，白色或透明状，在虫期达到3龄后，躯体逐渐膨大，像充气一样，呈梨形或椭圆形，明显较雄虫大，寄生在寄主内部一般不动，分泌生长刺激物质，导致细胞增多增大，形成瘤状根结。

【发病特点】

线虫以2龄幼虫或卵随病残体在土壤中越冬。翌年环境条件适宜时，越冬卵孵化为幼虫。幼虫成熟后在根结中交尾产卵，并在根结内孵化。线虫在病株根部生存繁殖并靠病土、病苗及灌溉水等传播。根结线虫具有好气性、凡土质疏松、含盐量低的中性的沙质土壤适宜其生长发育。连作期愈长，发病愈重。根结线虫最适宜在温度25～30℃、土壤含水量40%左右的土壤中发育，幼虫一般在10℃以下即停止活动，致死温度为55℃下5min。

【防治方法】

（1）农业防治　搞好田园卫生，收获后，病田深翻，彻底清除病株残体，特别是残根，最好是集中烧掉。选用无病种苗，育苗时在无病地进行并注意检疫，防止病区种子引入。合理轮作，重病地可与水生作物、小万寿菊、芦笋、豌豆及辣味重的葱蒜类轮作。在炎热的夏季，病田铺盖薄膜、压实，保持 15 ～ 20d 的晴热天，温度可高达 60℃（地表 5cm），可大量杀死根结线虫。

（2）生物防治　定植时施用淡紫拟青霉 PL-89 粉剂，撒施或浇施。含孢量为 70 亿活孢 /g，撒施用量为 10kg/ 亩，浇施浓度为 50 倍液。

（3）化学防治　每亩种植前用 1.5 ～ 2kg 10% 噻唑膦与干细土 40kg 左右混匀撒到土壤表层，再翻入耕作层，也可以沟施或穴施。在芹菜苗期或定植后，若发现感病植株，一般可选用 1.8% 阿维菌素乳油 3 000 倍液或 50% 辛硫磷乳油 800 倍液灌根，可防止根结线虫蔓延。

十八、花椰菜黑腐病

花椰菜黑腐病是由黄单孢杆菌引起的一种细菌性病害。除花椰菜外，该病菌还可为害白菜、甘蓝、萝卜等。

【症状】

幼苗期受害，子叶出现水渍状，逐渐变褐、枯萎并蔓延至真叶。一般情况下，成株期发病较严重。初侵染症状，病斑沿叶子边缘呈"V"形向内发展，病斑为黄色。严重时多片叶子发病，叶脉也变黑，并向茎部和根部扩散，使茎部、根部维管束变黑，小花球呈灰黑色干腐状，影响花椰菜的品质（图6-125、图 6-126）。

图 6-125　花椰菜黑腐病叶片症状　　　　图 6-126　花椰菜黑腐病果实症状

【病原】

该病由甘蓝黑腐病黄单胞杆菌致病变种引起，为细菌。病菌生长温度为5 ～ 39℃，最适温度 25 ～ 30℃，病菌在 51℃下 10min 可致死。

【发病特点】

病菌随病残体在土壤中或种子和野生寄主上越冬。远距离传播主要通过种子、种苗调运进行；田间近距离传播则经由病残体、病土、农具、风雨、农事操作和寄主杂草等蔓延。该病菌耐干燥，可存活 2 ～ 3 年。发病适宜温度 23 ～ 32℃。高温多雨、空气潮湿、叶面多露、叶缘吐水或害虫造成的伤口较多，有利于病菌侵入而导致发病。重茬田，水肥管理不当，偏施氮肥，植株嫩弱，害虫发生重而防治不及时或暴风雨天气较多，都会加重病害的发生。

【防治方法】

（1）农业防治　选择无病害的种子作种，用 50℃温水浸种 20min，洗净晒干后便可播种。重病地与非十字花科作物进行 2 ～ 3 年的轮作，可减少田间病源。及时防治小菜蛾、菜青虫、甜菜夜蛾、蚜虫、猿叶甲、地蛆等害虫，以免传播病害。适时播种，适度蹲苗；雨后及时排水，防止土壤过涝、过旱；合理施肥，提高抗病能力。花椰菜收获后，及时清除残根败叶，并带出田外深埋或烧毁；深翻土壤，整地晒田，减少菌源。

（2）化学防治　黑腐病发病初期可选用 77% 可杀得可湿性粉剂 500 倍液、50% 腐霉利可湿性粉剂 1 000 倍液、75% 百菌清可湿性粉剂 600 倍液、10% 苯醚甲环唑水分散粒剂 1 500 倍液、50% 代森锌可湿性粉剂 600 倍液、50% 代森铵水剂 1 000 倍液、72% 农用链霉素可湿性粉剂 4 000 倍液、50% 退菌特可湿性粉剂 1 000 倍液、47% 春雷王铜可湿性粉剂 600 倍液、20% 喹菌酮可湿性粉剂 1 000 倍液等叶面喷雾防治，药剂应交替施用，每 5 ～ 7d 喷 1 次，连喷 3 ～ 5 次。重病田视病情可适当增加喷施次数。

十九、茄子黄萎病

茄子黄萎病又称凋萎病、黑心病，俗称半边疯，是茄子上常见的难防病害之一。

【症状】

茄子苗期发病很少，多在坐果后开始出现症状，以结果初期发病最盛。多在植株下、中部开始出现症状，病初期叶片在叶缘及叶脉间褪绿变黄，随后逐渐变为褐色。叶片边缘向上卷曲，最后干枯脱落。发病初期，病株在晴天高温时出现萎蔫，早晚或阴天尚能恢复，病重后不再恢复。后期病株彻底萎蔫，叶片脱落，严重时只剩茎秆，最后全株枯死。有的植株从一侧枝叶表现症状，并向上扩展，引起半边植株叶片变黄，或半张叶片变黄，并向一侧扭曲（图 6-127、图 6-128）。

图 6-127　茄子黄萎病叶片症状　　　图 6-128　茄子黄萎病田间表现症状

【病原】

茄子黄萎病病菌为大丽轮枝菌属半知菌亚门真菌。病菌分生孢子梗直立，细长，上有数层轮状排列的小梗，梗顶生椭圆形、单胞、无色的分生孢子。厚垣孢子褐色，卵圆形。可形成许多黑色微菌核。除为害茄子外，还为害番茄、甜椒、瓜类等。

【发病特点】

病菌随病残体在土壤中越冬。越冬病菌从根部侵入，在维管束内繁殖，并随植株体内液流扩展至茎、枝、叶、果实、种子。种子内外可带菌远距离传播。在田间由雨水、灌溉水、农家肥、农事操作等传播。茄子定植到开花期，日平均气温低于 15℃的时间越长，发病越早而重，温度高发病晚而轻，温度 28℃以上时病害受抑制。

【防治方法】

（1）农业防治　选用耐抗茄子黄萎病品种，同时，选用无病良种。采用嫁接防病，用野生茄科植物作为砧木，嫁接后的茄子可以有效地防止茄子黄萎病和其他土传病害。实施轮作倒茬，选择与非茄科类作物进行轮作，与葱、蒜类轮作效果较好。培育壮苗并适时定植，采用穴盘基质育苗，可做到营养充足，苗整齐、粗壮，根系发达。当地温稳定后选择晴暖天气定植，定植后缓苗快，抗病性增强。

（2）化学防治　在播种前用种子量 0.2% 恶霉灵拌种和苗床土壤消毒基础上，用 DT150g/ 亩采用 400 ～ 500 倍液灌根或喷雾的防效较好。从育苗至发病初期用 40% 抗枯宁 800 倍液连喷 3 ～ 4 次可补充微量元素，增强作物抗病力。用代森锰锌 200g/ 亩兑水 50kg 喷施防效亦可。在搞好土壤处理和苗床预防的基础上，使用杀毒矾、真乙蒜素、多菌灵、敌克松等500倍液从定植期开始喷雾或灌根，每隔7～10d连施2～3次，至采收前15d停止用药。

二十、小菜蛾

小菜蛾俗称吊丝虫、小青虫，属鳞翅目、菜蛾科，小菜蛾为害极大，造成蔬菜品质下降，商品性下降。

【症状】

小菜蛾初孵幼虫潜入植株叶片的上下表皮之间，啃食叶肉及下表皮，仅留上表皮呈透明白斑，3龄以后幼虫取食量大增，咬食叶片成洞孔，缺刻锯齿状，严重时整张叶被吃得精光，只留下网状叶脉。幼虫特别喜欢在植株幼嫩部位和幼苗心叶上为害，使其不能正常生长发育，造成产量及品质下降。秋季蔬菜受害程度要重于春季，气候干旱能促进害虫大发生（图6-129、图6-130）。

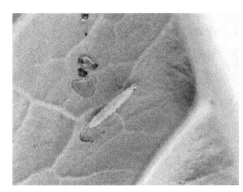

图6-129　小菜蛾幼虫　　　　　　　图6-130　小菜蛾为害状

【发生特点】

冬季以蛹越冬，成虫和幼虫不能越冬。翌年春季气温适宜时羽化交尾，成虫昼伏夜出，有趋光性，选择合适植物产卵，卵呈单粒或3～5粒连一块，以散状单粒为主。一次1头雌蛾产卵量一般为220粒。老熟幼虫一般在菜叶背面或枯草上作薄茧化蛹。菜蛾发育最适温度为20～30℃，因此春、秋两季为害严重，一般年份秋害重于春害。

【防治方法】

（1）农业防治　合理布局，安排好作物茬口。实行十字花科蔬菜与西葫芦、菜豆、大葱等蔬菜轮作；同时，几种不同种类的蔬菜再进行间作套种，破坏小菜蛾食物链。提早或推迟种植，使易受虫害的苗期避开小菜蛾为害高峰期。加强苗床管理，气温较高时，覆盖遮阳网，避免虫源进入本田，防止小菜蛾侵入。合理施肥，重施有机肥，提高蔬菜抗逆力。蔬菜收获后，及时处理残枝落叶和杂草，并立即翻耕，消除越冬蛹和老熟幼虫，以降低害虫基数。

（2）物理防治　利用小菜蛾趋光性，在小菜蛾成虫盛发期，设置频振式太阳能杀虫灯诱杀成虫，按每亩安置1盏，减少田间落卵量。

（3）性诱防治　将小菜蛾性诱剂施放在菜地里引诱小菜蛾雄蛾，可有效减少田间虫量。诱捕器放在田间略高于蔬菜植株20～30cm，每亩土地安放2～3个诱捕器。可达到一定的防治效果。

（4）生物防治　掌握在卵孵盛期至2龄幼虫发生期，选用苜核·苏云菌悬浮剂750倍液、0.5%甲胺基阿维菌素苯甲酸盐乳油或1.8%阿维菌素乳油4 000倍液、25%灭幼脲悬浮剂1 000倍液、2.5%多杀菌素悬浮剂1 500倍液，在阴天或晴天傍晚施药，对小菜蛾具有很好的防效。

（5）化学防治　防治时间应掌握在卵孵化盛期到幼虫2龄期前，当田间发现幼虫为害时就要及时用药，每隔5～7d喷药1次，连续喷2～3次。可选择1%甲胺基阿维菌素苯甲酸盐乳油每亩1～3g，或50%丁醚脲悬浮剂每亩75～100mm，或15%茚虫威悬浮剂3 000倍液，或2%阿维·丁醚脲20～30g，或10.5%的甲维氟铃脲1 000～1 500倍液喷雾，或灭幼脲700倍液等药剂进行防治，喷液量750kg/hm²；以上农药交替使用可以起到良好的防治效果，还能延缓小菜蛾产生抗药性。

二十一、白粉虱

白粉虱俗称小白蛾，是设施蔬菜的主要害虫之一，白粉虱杂食性极强，还可引起霉污病，影响蔬菜产量和高品质价值。

【症状】
白粉虱以成虫、若虫刺吸叶片汁液，影响植株长势，被害叶片褪绿、变黄、萎蔫，甚至全株枯死；群聚为害，并分泌大量的蜜露，污染蔬菜茎叶和果实，引起煤污病，影响光合作用和果实外观，失去商品价值；传播病毒病，导致减产（图6-131、图6-132）。

【发生特点】
白粉虱可为害黄瓜、南瓜、西葫芦等瓜类作物，又可为害番茄、辣椒、茄子等茄果类蔬菜，还可为害豇豆、芸豆等豆科蔬菜，以及白菜、萝卜等十字花科蔬菜，其食性非常杂。一年四季均可发生，且世代重叠，其成虫繁殖能力非常强，一只成年雌虫一生可产卵 3 000 多粒。在温度 20℃时，30d 左右即可完成一代；当温度达 27℃时，繁殖速度加快，22d 左右就可完成一代。

图 6-131　白粉虱成虫　　　　图 6-132　白粉虱田间表现症状

【防治方法】

（1）农业防治　培育无虫苗，育苗时要严格执行育苗管理，彻底清除前茬作物遗留的茎、叶、残株及杂草等，运出集中处理，必要时采用低温灭虫方法。合理轮作，尽量避免混栽，调整好茬口，温室白粉虱喜食茄子、番茄、黄瓜等植物，不喜食油菜、菠菜、芹菜、韭菜等，所以合理的轮作倒茬可以显著减轻温室白粉虱的为害。适当摘除部分枯黄老叶带出室外深埋或烧毁，以减少白粉虱种群数量。

（2）生物防治　在温室中释放人工繁殖的丽蚜小蜂，在白粉虱成虫密度低于每百株 50 头时，人工释放丽蚜小蜂"黑蛹"300 ～ 500 头，10d 左右放 1 次，连续放蜂 3 ～ 4 次，可控制白粉虱种群增长，寄生率可达 75% 以上。放蜂期间，可施用 25% 灭螨锰可湿性粉剂 1 000 倍液，防治白粉虱的成虫、若虫和卵，同时不影响丽蚜小蜂的生长繁殖。

（3）物理防治　白粉虱有强烈趋黄性，可在温室内设置黄板诱杀成虫。悬挂行间与植株高度相同处，密度为 30 ～ 40 块 / 亩。也可用黄色捕虫板，苗期和定植期开始使用，可有效控制害虫的初期数量，而且可以保护天敌。

（4）化学防治　一旦发现白粉虱，可用 2.5% 溴氰菊酯乳油 2 000 ～ 3 000 倍液、10% 扑虱灵乳油 1 000 倍液、10% 蚜虱净可湿性粉剂 4 000 ～ 5 000 倍液等药剂喷雾防治。3 ～ 4d 喷 1 次，连喷 2 ～ 3 次。烟雾剂熏蒸一般在晚上进行，放下棉被后，将漏风的地方堵严，从里向外点燃，关严棚门下棉帘，熏蒸一夜，可熏死90%以上的成虫。可选用1%溴氰菊酯烟剂、2.5%杀灭菊酯烟剂、10%异丙威杀虫烟雾剂熏蒸，一定要连续熏2～3次，3～4d熏1次。

二十二、斑潜蝇

斑潜蝇属双翅目、潜蝇科。原产美洲，是一种蔬菜、观赏植物及饲料作物的毁灭性害虫。

【症状】

美洲斑潜蝇可为害多种蔬菜，其中以黄瓜、菜豆、番茄、白菜等受害最重。成、幼虫均可为害寄主，以幼虫为害为主。雌成虫用产卵器刺破寄主叶片产卵和吸食汁液，留下密密麻麻的灰白色小点，而且还可传播植物病毒病，严重影响植物光合作用。幼虫潜叶为害，叶片正面出现由细渐粗、不规则蛇形白色虫道，受害严重的叶片布满虫道，以植株中、下部叶片发生重。受害后叶片逐渐萎蔫，上下表皮分离、枯落，最后全株死亡（图6-133、图6-134）。

图6-133　美洲斑潜蝇　　　　　图6-134　美洲斑潜蝇为害症状

【发生特点】

斑潜蝇具有繁殖能力强、寄主范围广、发生代数多、世代重叠严重等特点，一年四季均可发生，一般在4—6月、8—11月为害较严重。虫田间蛹绝大部分于8:00—14:00羽化成虫，羽化高峰在上午太阳出来、植株叶片表面露水稍干时，羽化出的成虫24h可交配产卵。平均气温在30～35℃条件下，成虫寿命2～3d，1头雌虫产卵50粒以上。成虫具有趋光性、趋绿性和趋黄性。

【防治方法】

（1）加强植物检疫 严格植物检疫，防止斑潜蝇远距离扩散蔓延，在蔬菜调运中发现斑潜蝇幼虫、卵或蛹时就地及时处理，防止远距离扩散，严禁从疫区调运蔬菜。

（2）农业防治 选用抗病品种，适当轮种非寄生植物作物，切断其食物来源。早春和秋季蔬菜种植前，彻底清除菜田内外杂草、残株、败叶，并集中烧毁，减少虫源。种植前深翻菜地，活埋地面上的蛹。露地种植应进行秋耕、冬灌，深耕20cm和适时灌水浸泡能消灭蝇蛹，清除田边地头杂草。发生盛期，中耕松土灭蝇。另外，如在温室发现蔬菜叶片上有潜道要及时摘除，并铲除棚内外杂草集中烧毁，减少虫源。

（3）物理防治 白天应用黄板诱杀，每亩挂25～30块，置于行间，黄板略高于植株20cm，或离地面1.5m。夜间用杀虫灯诱杀成虫。在夏、秋季，采用密闭温室大棚措施，高温闷棚1周，使温室大棚内温度达60℃以上，杀死土壤内残留的蛹。

（4）生物防治 美洲斑潜蝇的主要天敌有姬小蜂、潜蝇茧蜂、反颚茧蜂，均寄生幼虫。姬小蜂除寄生寄主外，还可刺杀取食斑潜蝇1、2龄幼虫，人工饲养释放姬小蜂，防治效果好。田间还有潜蝇幼虫期捕食性天敌，如小花蝽、蓟马、小红蚂蚁等，尽量使用对天敌无毒或低毒的药剂，保护利用天敌，控制为害。

（5）化学防治 防治在施药时间上要抓住"准"字。在成虫活动高峰和幼虫1～2龄期施药，从植株上部往下部、从外部往内部从叶正面往背面周到均匀喷药。幼虫多在晨露干后至13:00前在叶面活动最盛，熟幼虫早晨从虫道出来在叶面上时是施药防治的最好时机，在8:00—11:00喷施20%灭扫利2 000倍液或40%绿菜宝1 000倍液等药剂进行防治。应注意轮换用药，避免产抗药性。

二十三、菜青虫

菜青虫是菜粉蝶又名菜白蝶的幼虫，主要为害油菜、白菜、花菜、萝卜、甘蓝等十字花科蔬菜。

【症状】

菜青虫初龄期在叶背啃食叶肉，残留表皮，留下一层透明表皮，呈小形凹斑；3龄前多在叶背为害，3龄后转至叶面蚕食，形成孔洞或缺刻。4～5

龄幼虫的取食量占整个幼虫期取食量的97%。严重时只残留叶脉和叶柄。同时排出大量粪便，污染菜叶和菜心，使蔬菜品质变劣，且虫伤又为软腐病、霜霉病和灰霉病等提供了入侵途径，导致菜株发生病害等（图6-135、图6-136）。

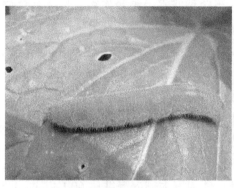

图6-135　菜青虫幼虫

图6-136　菜青虫为害症状

【发生特点】

菜青虫在我国各地1年发生代数由北向南逐渐增加，蛹于菜地附近篱笆下、屋檐下、树干、砖石、土缝、杂草残枝等处越冬。成虫具日出性，只在白天活动，晚上栖息在茂密植物上。通常早露干后开始活动，晴朗无风天气活动最盛。卵孵化以早晨最多，初孵幼虫先吃去卵壳，然后取食叶片，受惊时1～2龄幼虫有吐丝下坠习性，大龄幼虫则有卷缩虫体坠落地面的习性。菜青虫发育的最适温度为20～25℃，相对湿度76%左右。

【防治方法】

（1）农业防治　清理菜园，蔬菜收获后要及时清除田间残株剩叶，翻耕松土，以减少虫源。冬季对菜粉蝶越冬的场所进行清理，以消灭越冬蛹。注意菜田规划，合理轮作，避免十字花科蔬菜之间连作或间作套种。十字花科蔬菜留种田也应尽量远离十字花科蔬菜大田。有条件的地方，实行设施栽培，减少蔬菜受害。在菜粉蝶天敌昆虫发生高峰期，尽量避免喷洒化学农药，以免杀伤大量天敌。

（2）化学防治　使用生物农药苏云金杆菌的喷药时间应比化学农药提早2～3d，应在幼虫1～2龄时，且最好在傍晚，多喷叶背，尽量减少阳光直接照射，可以延长持效期。在菜青虫3～4龄时，可选用1.8%阿维菌素乳油1 500～2 000倍液把幼虫消灭在暴食期（5龄）前，达到防治目的。

二十四、蓟马

蓟马是一种靠吸取植物汁液为生的昆虫，繁殖速度与世代更替快，易发生成灾，严重影响植株的生长，造成农民收入降低。

【症状】

蓟马成虫和若虫多隐藏于花内或植物幼嫩组织部位，在叶片背面或钻到花瓣内，以锉吸式口器锉伤茄子、辣椒等茄果类蔬菜的嫩梢、嫩叶，吸食花和幼果的汁液，使被害叶片及其他组织老化变硬，心叶不能张开，嫩梢僵缩，嫩叶扭曲畸形，叶肉出现褐色小疤痕，果实出现"锈皮"，植株节间缩短，生长缓慢，对幼芽和嫩果为害最大。此外，蓟马还能传播多种病毒病，影响产量和品质（图6-137、图6-138）。

图6-137　蓟马

图6-138　蓟马为害症状

【发生特点】

蓟马1年可发生多代，保护地内可周年发生，世代重叠，主要为害茄子、辣椒、黄瓜、番茄等作物。雌成虫主要进行孤雌生殖，多以成虫潜伏在土块、土缝或枯枝落叶间越冬，少数以若虫或拟蛹在表土越冬。蓟马有趋嫩绿的习性，畏强光，早晨、傍晚、夜间和阴雨天在植物叶面活动。蓟马喜欢温暖干旱的天气，适宜生存温度为23～28℃、相对湿度为40%～70%，温室环境适宜蓟马的活动，从卵到成虫仅需14d，繁殖速度惊人。

【防治方法】

（1）农业防治　定植前清洁田园及田园周围杂草，采用营养土育苗，及时清除残株病叶，减少虫源；加强肥水管理，增施有机肥和磷钾肥，促进植株健壮生长，提高植株的抗逆性；覆盖地膜，一方面可以提高地温，促进苗期生长；另一方面可以阻止蓟马入地化蛹，降低成虫羽化率；适时浇水，防止干旱，创造不利于蓟马生存的田间小环境。

（2）物理防治　在夏季温室休闲时，高温闷棚。将棚温升至45℃以上，保持15～20d以上，杀灭虫卵，减少虫源基数。另外蓟马对蓝色和黄色有较强的趋性，所以生产上常常应用蓝色和黄色粘板对其进行诱杀。

（3）生物防治　蓟马的天敌主要有小花蝽、猎蝽、捕食螨、寄生蜂等，可引进利用天敌来防治蓟马的发生为害。

（4）化学防治　用25%噻虫嗪3 000～5 000倍液灌根，也可防治白粉虱，对病毒病也有一定的作用。用5%啶虫脒可湿性粉剂2 500倍液，或抗虱丁可湿性粉剂1 000倍液进行叶面喷雾，间隔5～7d喷1次，连续2～3次。适宜傍晚施药，防治蓟马的药剂与防治病毒病的药剂不能混用。喷雾时叶背、植株中下部或没覆膜的地面都要喷到，做到全面细致，要交替轮换使用，避免产生抗药性。

二十五、棉铃虫

棉铃虫又名钻桃虫、钻心虫等，属鳞翅目夜蛾科。

【症状】

棉铃虫以幼虫为害，新孵出的幼虫首先以附近的嫩叶和小芽为食，然后为害幼果。幼果内部被吃空后导致腐烂，最后造成早落，以至无法长成大果，降低产量。幼虫老熟时又继续为害成熟的果实和新出的嫩叶。棉铃虫为害成果先从蒂部咬食钻蛀，损害部分果肉后再转移至其他果实。被虫蛀的果实在降水天气时易被病菌侵入引起腐烂脱落，造成严重减产（图6-139、图6-140）。

图6-139　棉铃虫成虫

图6-140　棉铃虫幼虫

【发生特点】

棉铃虫主要为害番茄、茄子等茄果类蔬菜。一般以蛹在寄主根际附近土壤中越冬，翌年当气温 20℃时，羽化成成虫。棉铃虫的发生与湿度和降水密切相关，阴雨高湿适于卵孵化和幼虫形成为害。如果雨水过多，田间排水不及时，会造成土壤湿度增加，土壤板结，导致棉铃虫的虫蛹大量死亡。此外，大雨也影响棉铃虫的卵和新孵出的幼虫，造成死亡。

【防治方法】

（1）农业防治　秋耕冬灌，压低越冬虫口基数。加强田间管理适当控制灌水，控制氮肥用量。适时打顶整枝，并将枝叶带出田外销毁。

（2）物理防治　利用棉铃虫的趋光性，安装黑光灯、高压汞灯，杀灭害虫成虫。结合田间管理进行人工捕捉，及时将大龄幼虫清除。利用棉铃虫对杨树树叶挥发性物质具有一定趋性，可以在害虫产卵高峰期、羽化高峰期，在田间摆放杨树枝诱导害虫成虫。一般放置 6～8 把/亩杨树树枝，太阳出来之前将杨树枝清理出田间将其杀死。

（3）生物防治　采用棉铃虫性诱捕器诱杀，田间挂设新型飞蛾诱捕器加诱芯，每亩挂设 3～5 个，诱杀雄成虫，改变田间雌雄比例，减少着卵量。

（4）化学防治　在棉铃虫初孵幼虫未蛀果前用药防治效果最好。可交替使用国光毒箭 1 000～2 000 倍液、25% 灭铃王乳油 2 000 倍液、20% 甲氰菊酯乳油 2 000 倍液、30% 杀虫威乳油 1 000 倍液等药剂防治。对棉铃虫已产生抗性的地区，可喷洒 26% 灭铃灵乳油 2 000～3 000 倍液，或 2.5% 联苯菊酯乳油 2 500 倍液等。

二十六、甜菜夜蛾

甜菜夜蛾属鳞翅目夜蛾科，是一种世界性顽固害虫，为害多种蔬菜，如甘蓝、花椰菜、白菜、萝卜、莴苣、番茄、青椒、茄子、马铃薯、黄瓜等。

【症状】

甜菜夜蛾主要以幼虫虫态为害，咬食叶片，啃食叶肉，造成孔洞或缺刻，大龄幼虫有的钻蛀到作物的秸秆、果实、果穗内取食，为害更具隐蔽性。2 龄幼虫集中为害，幼虫可成群迁移，他们警惕性很强，稍微受惊扰就会吐丝落地，卷曲成"C"形假死。3～4 龄后的幼虫，白天隐藏在植株下部或土缝当中，傍晚出来取食为害，3 龄后的幼虫可分散为害（图 6-141、图 6-142）。

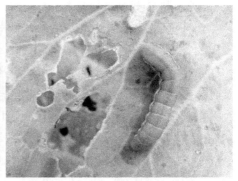

图 6-141　甜菜夜蛾幼虫　　　　图 6-142　甜菜夜蛾为害症状

【发生特点】

甜菜夜蛾是一种不耐低温的昆虫，高温、干旱条件下更易发生，不同地区 1 年发生的代数与纬度相关。成虫昼伏夜出，白天喜躲藏在阴凉处，如草丛、土缝等阴暗处，20:00—22:00 活跃，飞翔力强，具较强的趋光性，而对糖醋液等趋化性较弱。雌虫产卵于植物较低部位叶片的背面或正面。雌虫产卵成块，每块由 1 ～ 3 层卵组成，卵块上盖有雌虫腹末落下的白色鳞毛；因此，并不能直接看到卵粒。

【防治方法】

（1）农业防治　种植时，利用农业机械对土壤进行深翻，可以破坏浅层土壤中的虫卵生存环境，有效降低田间的虫卵数量。加强水肥管理，确保作物健康生长，提高植株自身的抗病性。种植时采取轮作方式，破坏甜菜夜蛾的生存环境。发现病叶、病茎、病果及时清除，定期清理田中杂草，降低害虫为害。

（2）物理防治　夜蛾类昆虫对糖醋液有极大趋性，可在甜菜夜蛾高发地块放置糖醋液盆诱杀。悬挂黄板诱杀，黄板的放置高度不高于作物顶部15cm，放置密度大于 25 片/亩。将黄板呈"S"形摆放在田间，每隔 15d 左右更换 1 次。用性诱捕器诱杀，一般在地块四周放置性诱捕器，密度 2 ～ 3组/亩，放置高度不应低于作物。高温季节 20 ～ 25d 更换 1 次诱芯。用杀虫灯诱杀，鳞翅目害虫有一定的趋光性，可用黑光灯或蓝紫光灯诱杀，一般1 ～ 4hm² 放置 1 盏杀虫灯。

（3）生物防治　保护并利用好天敌，包括蜻象、蜘蛛、草蛉、步甲等捕食性天敌，以及岛甲腹茧蜂、侧沟茧蜂等寄生性天敌。根据实际情况选择使用生物农药，包括 Bt 株系 NRD-12、抗生素类、微生物类、植物源农药、性诱剂类等。甜菜夜蛾的幼虫可用绿僵菌进行防治。

（4）化学防治　甜菜夜蛾抗药性较强，幼虫为害初期可选用40%菊·马乳油3 000倍液、40%菊·杀乳油3 000倍液、10%氯氰菊酯乳油2 000倍液、50%辛硫磷乳油1 500倍液、20%灭幼脲1号胶悬剂1 000倍液、1.8%阿维菌素乳油3 000倍液防治，也可选用50%辛硫磷乳油1 000倍液、90%晶体敌百虫1 000倍液防治，于清晨或傍晚幼虫外出取食活动时喷雾，7～10d喷1次，连喷2～3次。喷药时，幼虫会出现假死落地现象，因此除喷洒叶背外，还应喷洒地面。

二十七、斜纹夜蛾

斜纹夜蛾属鳞翅目夜蛾科，分布较广，可为害99科283种植物。该虫常为害棉花、大豆、落花生、烟草及蔬菜等多种重要经济作物。

【症状】

斜纹夜蛾主要以幼虫取食蔬菜叶片为害，其食性杂，可为害甘蓝、花椰菜、白菜、辣椒、茄子、番茄、南瓜、丝瓜、甘薯、豇豆等。该成虫繁殖力强，多产卵于蔬菜叶片背部，初孵幼虫聚集在叶背为害，取食叶肉，留下表皮和叶脉，使叶片被害部位呈筛网状。3龄后，幼虫开始分散为害，造成叶片缺刻。4龄后进入暴食期，亦可为害花、果实、嫩茎等. 严重时可吃掉整株叶片，留下茎秆，再转株为害（图6-143、图6-144）。

图6-143　斜纹夜蛾幼虫　　　　　图6-144　斜纹夜蛾成虫

【发生特点】

斜纹夜蛾是一种怕冷的昆虫，冬季温度低于-5℃能致越冬幼虫死亡。幼虫老熟后下地，在1～3cm表土内结薄丝茧化蛹，也可在枯叶下化蛹。成虫白天喜躲藏在草丛、土缝等阴暗处，傍晚至午夜活跃，飞翔力强，具较强的趋光性。成虫发育需补充营养，对糖醋液及发酵的麦芽、豆饼、牛粪等有趋性。

【防治方法】

（1）农业防治　清除种植区域杂草，在作物收获后，翻耕晒土或土壤灌水，破坏、恶化斜纹夜蛾的化蛹场所，消灭越冬虫蛹，减少虫源基数。结合种植管理，人工摘除卵块和初孵幼虫群集为害的叶片，减少斜纹夜蛾幼虫数量，降低幼虫为害。

（2）物理防治　斜纹夜蛾对普通白色光源趋性不强，但对黑光灯具有较强的趋性，可使用频振式黑光灯对斜纹夜蛾进行防治。信息素防治及监测可使用斜纹夜蛾性诱剂诱集雄蛾。

（3）生物防治　在斜纹夜蛾卵孵化盛期，选用甘蓝夜蛾核型多角体病毒悬浮剂 750 倍，或金龟子绿僵菌可分散油悬浮剂 750 倍，或短稳杆菌悬浮剂 500 ～ 800 倍，或苏云金杆菌可湿性粉剂 600 倍喷雾。

（4）化学防治　斜纹夜蛾高龄幼虫耐药性较强，化学防治时应掌握治早治小，即在卵孵高峰至 3 龄幼虫分散前，用足药液量，均匀喷雾叶面及叶背，使药剂能直接喷到虫体和食物上，触杀、胃毒并进，增强毒杀效果。可选用 20% 除虫脲悬浮剂、10% 吡虫啉 1 500 ～ 2 000 倍液，或 10% 氯氰菊酯、0.5% 甲维盐、5% 三氟氯氰菊酯、50% 氰戊菊酯乳油 2 000 ～ 3 000 倍液交替喷雾，乳油每隔 7 ～ 10d 喷 1 次，连续 2 ～ 3 次。

第八节　多食性害虫的识别与防治

一、草地螟

草地螟是世界性的迁飞性害虫，具有多食性、暴食性、间歇性发生特点，对我国华北、东北、西北农牧交错区安全生产造成严重威胁，在大发生年份造成产量损失达 60%，甚至绝收。

【症状】

草地螟是一种间歇性暴发成灾的害虫，大面积发生可吃光整块地。初孵幼虫多集中在枝梢上结网躲藏，取食叶肉残留表皮，3 龄后食量大增，可将叶片吃成缺刻或仅留叶脉，使叶片呈网状，幼虫 5 共龄，可转株为害，大面积发生时，也为害花和幼荚。初龄幼虫先在杂草上取食，以后转移到作物上为害，喜食柔软叶片汁液，吐丝拉网，取食叶肉。老龄幼虫出网为害，食叶穿孔留下叶脉和叶柄（图6-145、图6-146）。

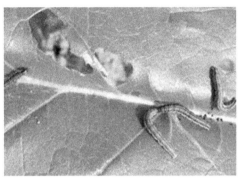

图6-145　草地螟成虫　　　　　图6-146　草地螟幼虫及为害症状

【发生特点】

草地螟以老熟幼虫在土茧内吐丝越冬。成虫羽化多在晚上，羽化后需要补充营养才能交尾、产卵。幼虫假死性不强，常常在气温较低、阴暗湿润、植株茂密的田块，虫口密度较大。成虫有迁飞习性，一般在夜间取食树液或其他蜜源植物，喜在地势低洼、潮湿、杂草密生的地方集中活动。成虫有较强的趋光性。羽化约6d后开始交尾、产卵，每次产卵45～60粒，草地螟卵孵化和幼虫发育的适宜温度20～28℃，喜欢较高的湿度条件。

【防治方法】

（1）农业防治　秋季深耕灌水、精细整地，秋季深耕可消灭部分在土壤中越冬的幼虫。选择抗虫品种。结合中耕除草，及时清除田间及田边地埂的杂草，将杂草带出田外挖坑埋掉，可有效地减少卵源。挖沟、打药带隔离，如果幼虫发生量大时，虫龄较大且幼虫集中为害的田块，当药剂防治效果不好时，为阻止幼虫迁移为害，可在该田块四周挖沟或打药带封锁，防治扩散为害。

（2）生物防治　草地螟的天敌主要有步甲、草蛉、蚂蚁、瓢虫、芫菁、鸟类等，以上都是生物防治体系中的重要组成部分。当寄生性天敌在寄主不同期寄生时，其所受的影响随之不同。对于草地螟的防治可引进寄生蜂、赤眼蜂等进行防治，防治效果可以达到72%～80%。

（3）物理防治　在草地螟越冬代成虫重点发生区和外来虫源降落地，安装杀虫灯等物理诱杀工具，及时诱杀草地螟成虫，减少虫源基数，安灯高度以灯底高出周围主要作物顶部 20cm 为宜。在成虫发生期采用频振杀虫灯捕杀成虫，每隔 240m 设一盏灯，或成虫期在田间设置黑光灯，灯距 300m 左右。

（4）化学防治　当草地螟幼虫密度达到 15 头 /m² 时，在温湿度适宜的情况下立即采用化学防治，尤其是抓住 2 龄幼虫盛期对其进行消灭，采用 2.5% 高效氯氟氰菊酯 30mL/ 亩或 20% 的氰马乳油 30mL/ 亩进行地面机械或飞机喷雾防治。

二、东亚飞蝗

东亚飞蝗属直翅目蝗科，别名蚂蚱、蝗虫，为迁飞性、杂食性害虫。

【症状】

成虫、若虫咬食植物的叶片和茎，大发生时成群迁飞，把成片的农作物吃成光秆（图 6-147、图 6-148）。

图 6-147　东亚飞蝗成虫　　　　图 6-148　东亚飞蝗田间为害症状

【发生特点】

东亚飞蝗世代重叠，各虫态呈现立体交叉发生。受害严重的是干播田、甘蔗地、休耕草地、一季撂荒地等，其发生数量随着雨量及耕作程度而变化。成虫一般选择甘蔗地、一季撂荒地或水稻田边极少作物覆盖的疏松土壤产卵。成虫和蝗蝻均有集中取食或栖息的习性，成虫有聚集产卵的习性，羽化后的成虫往往成群迁飞，成虫迁飞与食料和季风有关。

【防治方法】

（1）生物防治　保护农田中飞蝗的天敌，如农田蜘蛛、鸟类或蛙类等，其中最重要的就是保护蛙类。蛙类与蝗虫生活的生态类型相同，所以在蝗灾严重的地区，田间蛙类也特别容易生存。鸟类对农作物的安全也起着关键作用，如田鹨、燕䳭等以蝗虫为食的鸟类在育雏阶段会捕食大量的蝗虫。

（2）化学防治　4.5% 高效氯氰菊酯乳油，用量为 25 ~ 40mL/ 亩，用机动喷雾器超低容量喷雾；25% 菊马乳油，用量为 40 ~ 100g/ 亩，机动喷雾器超低容量喷雾；45% 马拉硫磷乳油，用量为 75 ~ 100g/ 亩，超低容量喷雾。

三、小地老虎

小地老虎也叫土蚕、切根虫，主要以幼虫为害玉米、辣椒、豆类、薯类、瓜类、葱头、胡麻、棉花等多种作物。该虫害偏重大发生年份往往造成作物改种或毁种，给农民的产量和收入带来很大损失。

【症状】

低龄幼虫昼夜在植株上活动，常爬到幼苗上将子叶啃去叶肉，留下表皮或咬成缺刻。3 龄后遇晴朗白天，潜伏在地下，夜间出土为害。大龄幼虫将幼苗从茎基部咬断，有的会将咬断的幼苗连茎带叶拖入穴中。4 ~ 6 龄幼虫占幼虫期总食量的 97% 以上，每头幼虫一夜可咬断幼苗 3 ~ 5 株，最多的 10 株以上，常造成缺苗断垄现象（图 6-149、图 6-150）。

图 6-149　小地老虎成虫

图 6-150　小地老虎幼虫

【发生特点】

小地老虎是一种迁飞性害虫，幼虫通常有 6 龄，老熟幼虫在土内筑土室化蛹。成虫昼伏夜出，喜趋食甜酸味的液体，以发酵物、花蜜及蚜虫排泄物等作补充营养。雌蛾产卵量大，每雌虫可产 800 ~ 1 000 粒卵，多的在 2 000 粒以上，卵散产或数粒聚集在一起。雌蛾产卵多选择粗糙的或多毛的表面，田间主要产在土块上、地面缝隙内、地面须根及多种杂草如小蓟、小旋花、灰菜、一年蓬等幼苗叶片的反面。

【防治方法】

（1）农业防治　在春播前，进行春耕、细耙的整地工作，可对部分虫卵进行消灭。在作物幼苗期，可结合松土，清除田间杂草，消灭大量的卵和幼虫。有条件的地区可实行水旱轮作，能消灭多种地下害虫。另外，小地老虎的天敌对其发生有显著的抑制作用，一定要注意保护与利用。

（2）物理防治　人工捕杀，幼虫发现田间出现断苗时，在清晨刨开断苗附近的土表，捕杀幼虫，连续捕捉几次，效果较好。诱集捕捉法，每天上午采集泡桐树叶或蓖麻叶鲜叶，置于阴凉通风处备用，傍晚把泡桐树叶或蓖麻叶放在小地老虎为害的菜田或苗床畦面上或走道上，第二天清晨收集所放叶片，将小地老虎幼虫集中杀死。灯光诱杀，根据小地老虎成虫有趋光性的特点，在田间每 3.3hm² 安装一盏频振式杀虫灯诱杀成虫。

（3）化学防治　喷雾防治，采用高效、低毒、低残留农药进行喷雾防治，可选用 2.5% 溴氰菊酯乳油，或 2.5% 高效氯氟氰菊酯水乳剂 1 000 ～ 2 000 倍液，或 5% 抑太保乳油，或 25% 灭幼脲 3 号悬浮剂 500 ～ 1 000 倍液，或 40% 菊杀乳油 2 000 ～ 3 000 倍液等药剂进行喷雾防治。毒土防治，选用 2.5% 溴氰菊酯乳油 90 ～ 100mL 加水适量，喷拌细土 50kg 配成毒土，300 ～ 375kg/hm² 顺垄撒施于幼苗根际附近。

四、金针虫

金针虫是鞘翅目叩甲科昆虫幼虫的总称，多数种类为害植物根部及茎基，取食有机质。金针虫是为害作物的主要地下害虫，每年都造成不同程度的影响。

【症状】

金针虫以幼虫在土中咬食刚播下的种子，咬坏胚乳而不能发芽，如已出苗则为害须根、主根或茎的地下部分，钻入种子或根茎相交处取食，被害处不整齐呈乱麻状，形成枯心苗以致全株枯死，造成缺苗断垄。金针虫为害后有利于病原菌的侵入而引起腐烂易感病，严重时可使全田毁种。金针虫食性较杂，可为害多种作物，主要包括小麦、玉米、花生、甘薯、马铃薯、豆类和蔬菜等，也可为害林木幼苗（图 6-151、图 6-152）。

【发生特点】

金针虫以幼虫或成虫在土中越冬，深度在 20 ～ 80cm，成虫白天躲在农田或田边杂草中及土块下，夜出活动交尾，雄虫飞翔力强，雌虫不能飞翔，卵多产在 4～6cm 深土中，每雌可产卵 100 粒左右。金针虫类随土温变化而上下移动，春季 10cm 土温达 6℃左右时，就开始活动，夏季 10cm 土温上升到 21～26℃时，就向深土层下移。春季雨多，对其有利，在精耕细作地区，一般发生为害较轻，初垦的育苗地块，往往受害比较严重。

图 6-151　金针虫幼虫　　　　　图 6-152　金针虫为害症状

【防治方法】

（1）农业防治　采用精耕细作、深耕多耙、合理间作或套种、合理轮作、科学施肥。严禁施用未腐熟的人畜粪肥，灌溉适度，干湿结合，让虫卵没有条件孵化，进而有效控制金针虫的虫口数量。合理种植能促进小麦、玉米及其他农作物生长健壮，使金针虫为害降低到最低点。

（2）物理防治　在成虫发生期，利用拔除的新鲜杂草堆成草堆，在草堆内撒入触杀类杀虫剂，能够毒杀成虫。也可以用糖醋液诱杀成虫。

（3）化学防治　播种前每亩用 50% 辛硫磷乳油 100mL 加水 0.5kg，或 25% 辛硫磷微胶囊缓释剂每亩 1～2kg 混入过筛的细干土 20kg 拌匀施用。毒饵，苗期可用 90% 晶体敌百虫 0.5kg 加水 5kg 与适量炒熟的麦麸（亩用麦麸 5kg）或豆饼混合制成毒饵，于傍晚撒入幼苗基部，利用地下害虫昼伏夜出的习性将其杀死。淋灌，亩用 50% 辛硫磷乳油 100mL 对水 100kg 淋灌。

五、蝼蛄

蝼蛄属直翅目蝼蛄科，俗称拉拉姑、地拉蛄，常见的种类是华北蝼蛄和东方蝼蛄。

【症状】

蝼蛄为多食性害虫，可为害各种旱地作物的地下幼嫩部分，其成虫和若虫均在土壤中活动，咬食各种作物的种子和幼苗的根茎，根茎被害部分呈乱麻状；蝼蛄常将耕地土壤窜成纵横交错的隆起隧道，使幼苗根部与土壤分离，导致幼苗干枯死亡，常造成缺苗断垄（图6-153、图6-154）。

图6-153　蝼蛄成虫

图6-154　蝼蛄为害作物根部症状

【发生特点】

蝼蛄以成虫或若虫在地下越冬。蝼蛄昼伏夜出，以21:00—23:00活动最盛，特别在气温高、湿度大、闷热的夜晚，大量出土活动。早春或晚秋因气候凉爽，仅在表土层活动，不到地面上，在炎热的中午常潜至深土层。蝼蛄的成虫、若虫均喜松软潮湿的壤土或沙壤土，20cm表土层含水量20%以上最适宜，小于15%时活动减弱。蝼蛄有强烈的趋光性，对炒得半熟的谷籽有强烈的趋性。

【防治方法】

（1）农业防治　深翻土壤、精耕细作造成不利蝼蛄生存的环境，减轻为害。施用腐熟的有机肥，在蝼蛄为害期，追施碳酸氢铵等化肥，散发氨气对蝼蛄有一定的驱避作用。秋收后进行大水漫灌，使向深层迁移的蝼蛄，被迫向上迁移，在上冻之前深翻，将翻到地表的害虫冻死。实行合理轮作，改良盐碱地，有条件的实行水旱轮作，可以消灭大量蝼蛄，减轻为害。

（2）物理防治　人工捕捉，于蝼蛄发生期间，根据蝼蛄活动产生的新鲜隧道，在隧道的末端进行挖捕，如果隧道的一端有通向地面的孔口，证明该处为蝼蛄的进口或由此出来已经转移。灯光诱杀，根据蝼蛄的趋光性，发生期间进行诱杀，可有效降低蝼蛄的虫口密度

（3）化学防治　可用50%辛硫磷按种子量的0.1%～0.2%，用药剂并与种子重量10%～20%的水兑匀，均匀地喷拌在种子上，闷种4～12min再播种。每亩用上述拌种药剂250～300mL，兑水稀释1 000倍左右，拌细土

25～30kg 制成毒土，或用辛硫磷颗粒剂拌土，每隔数米挖一坑，坑内放入毒土再覆盖好。也可用炒好的谷子、麦麸、谷糠等，制成毒饵，于苗期撒施田间进行诱杀，并要及时清理死虫。

六、蛴螬

蛴螬是为害作物主要地下害虫，对作物的产量和品质影响很大，作物被为害后一般减产 20%～30%，严重的可达 50% 以上，个别地块成片死苗甚至绝收。

【症状】

蛴螬终年生活在土壤中，主要为害麦类、玉米、薯类、豆类、花生等大田作物。取食萌发的种子和嫩根、咬断麦苗根茎、直接咬食花生嫩果或马铃薯、甘薯、甜菜的块茎和块根，不仅造成减产，而且伤口容易引起病菌的侵染。据调查统计，植物地下部分受害中 86% 是由蛴螬为害造成的（图 6-155、图 6-156）。

图 6-155　蛴螬幼虫　　　　　　图 6-156　蛴螬为害作物根部症状

【发生特点】

蛴螬 1～2 年 1 代，幼虫和成虫在土中越冬，成虫即金龟子，白天藏在土中，20:00—21:00 进行取食等活动。蛴螬有假死和负趋光性，并对未腐熟的粪肥有趋性，喜欢生活在甘蔗、木薯、番薯等肥根类植物种植地。蛴螬在10cm 土温达 5℃时开始上升土表，13～18℃时活动最盛，23℃以上则往深土中移动，至秋季土温下降到其活动适宜范围时，再移向土壤上层。成虫交配后 10～15d 产卵，产在松软湿润的土壤内，以水浇地最多，每头雌虫可产卵100 粒左右。

【防治方法】

（1）农业防治　大面积春耕、秋耕时跟犁拾虫，精耕细作，清除田间杂草、落叶等，不施未腐熟的有机肥料。底肥要施用充分腐熟的农家肥，做到氮、磷、钾肥合理配比，适当控制氮肥，增施磷、钾肥及微肥，促进作物健壮生长，提高抵抗病虫害的能力。蛴螬抗水能力差，如保持土壤呈泥泞状态3d以上，即可全部死亡。有水浇条件的地方也可以在12月前后进行冬灌，可减轻为害，达到良好的防治效果。

（2）生物防治　主要有Bt粉剂（100亿芽孢/g）、卵孢白僵菌粉剂（40亿芽孢/g）、绿僵菌或拟青霉菌粉剂（20亿活孢子/g）。上述药剂按药种1∶10的比例拌种，有良好的防效。或Bt粉剂7.5kg/hm²、绿僵菌22.5kg/hm²、卵孢白僵菌22.5kg/hm²，兑水1 500～2 250kg在生长期灌根。还可利用虫生线虫来防治华北大黑鳃金龟。弧丽钩土蜂是蛴螬的主要寄生天敌之一，可在地边、田埂种上菜豆等蜜源植物，为弧丽钩土蜂提供食物资源，招引土蜂定居和采茧助迁。

（3）化学防治　播种期防治，选用5%辛硫磷，2～2.5kg/亩，拌毒土盖种，并可兼治苗期其他害虫。生长期防治，选用5%辛硫磷颗粒剂，2～2.5kg/亩；50%辛硫磷等乳油，200～300mL/亩，拌毒土顺垄撒入植株周围，及时中耕入土。

参考文献

高丁石，2018.农作物病虫害防治技术［M］.北京：中国农业出版社.

贺字典、王秀平，2017.植物化学保护［M］.北京：科学出版社.

洪晓月、丁锦华，2007.农业昆虫学［M］.北京：中国农业出版社.

侯明生、黄俊斌，2006.农业植物病理学［M］.北京：科学出版社.

雷朝亮、荣秀兰，2003.普通昆虫学［M］.北京：中国农业出版社.

全国农业技术服务推广中心，2006.农作物有害生物测报技术手册［M］.北京：中国农业出版社.

鄢洪海、李洪连、薛春生，2017.植物病理学［M］.北京：中国农业大学出版社.

张浩、王岩、逯忠斌，2007.农药使用技术［M］.北京：中国农业出版社.